陕西省绿色建筑工程消耗量定额

（2025）

批准部门：陕 西 省 住 房 和 城 乡 建 设 厅
主编单位：陕 西 省 建 设 工 程 造 价 服 务 中 心
参编单位：中国建筑第八工程局有限公司西北分公司
软件支持：广 联 达 西 安 科 技 有 限 公 司
实施日期：2 0 2 5 年 7 月 1 日

中国计划出版社

北 京

图书在版编目（CIP）数据
陕西省绿色建筑工程消耗量定额. 2025 / 陕西省建设工程造价服务中心主编. -- 北京 : 中国计划出版社, 2025. 6（2025. 9重印）. -- ISBN 978-7-5182-1853-0
Ⅰ. TU723.34
中国国家版本馆 CIP 数据核字第 2025TD9670 号

陕西省绿色建筑工程消耗量定额（2025）
SHAANXI SHENG LÜSE JIANZHU GONGCHENG XIAOHAOLIANG DING'E（2025）
陕西省建设工程造价服务中心　主编

责任编辑：刘　原　　封面设计：韩可斌

中国计划出版社出版发行
网址：www.jhpress.com
地址：北京市西城区木樨地北里甲 11 号国宏大厦 C 座 4 层
邮政编码：100038　电话：（010）63906433（发行部）
北京厚诚则铭印刷科技有限公司印刷

880mm × 1230mm　1/16　7.5 印张　242 千字
2025 年 6 月第 1 版　2025 年 9 月第 2 次印刷

定价：30.00 元

本书编委会

总　　编： 李卫军

副 总 编： 张　丹　陈永兵　崔建明　原　波　杜产阳

本书编写人员名单

主　　编： 庄智斌　曹　方

副 主 编： 贺渤伦　赵玉兰

编写人员： 王小东　张　倩　史小亮　李　磊

软件操作： 郭继庆　路燚桓

陕西省住房和城乡建设厅关于印发2025陕西省建设工程费用规则等计价依据的通知

陕建管发〔2025〕10号

各设区市住房和城乡建设局，杨凌示范区住房和城乡建设局，各相关企业：

为贯彻落实《住房和城乡建设部办公厅关于印发工程造价改革工作方案的通知》（建办标〔2020〕38号）及《陕西省住房和城乡建设厅关于印发〈陕西省建设工程造价改革工作实施方案〉的通知》（陕建发〔2020〕1109号）精神，依据《陕西省建设工程造价管理办法》，我厅组织修编了《陕西省建设工程费用规则》及6个专业配套基价表、《陕西省房屋建筑与装饰工程消耗量定额》等6个专业消耗量定额、施工机械台班费用定额、仪器仪表台班费用定额（详见附件），现予以印发，自2025年7月1日起实施，并提出以下意见，请一并贯彻执行：

一、2025年7月1日起新开工的建设工程执行新的计价依据；2025年7月1日前的在建工程（包括已招投标或已签订合同的工程）仍按原约定的计价依据执行。

二、原2004《陕西省建筑装饰工程消耗量定额》《陕西省安装工程消耗量定额》《陕西省市政工程消耗量定额》《陕西省园林绿化工程消耗量定额》、2009《陕西省建设工程工程量清单计价规则》、2009《陕西省建设工程工程量清单计价费率》、《陕西省建设工程消耗量定额（2004）补充定额》、2009《陕西省建筑装饰市政园林绿化工程价目表》《陕西省安装工程价目表》于2025年7月1日起停止使用。

三、上述计价依据的日常管理及技术内容解释由陕西省建设工程造价服务中心具体负责。

附件：2025陕西省建设工程计价依据汇总表

陕西省住房和城乡建设厅

2025年3月17日

附　件

2025 陕西省建设工程计价依据汇总表

序　号	名　称
1	陕西省建设工程费用规则（2025）
2	陕西省房屋建筑与装饰工程基价表（2025）
3	陕西省通用安装工程基价表（2025）
4	陕西省市政工程基价表（2025）
5	陕西省园林绿化工程基价表（2025）
6	陕西省城市地下综合管廊工程基价表（2025）
7	陕西省绿色建筑工程基价表（2025）
8	陕西省房屋建筑与装饰工程消耗量定额（2025）
9	陕西省通用安装工程消耗量定额（2025）
10	陕西省市政工程消耗量定额（2025）
11	陕西省园林绿化工程消耗量定额（2025）
12	陕西省城市地下综合管廊工程消耗量定额（2025）
13	陕西省绿色建筑工程消耗量定额（2025）
14	陕西省建设工程施工机械台班费用定额（2025）
15	陕西省建设工程施工仪器仪表台班费用定额（2025）

前　言

随着科技的不断进步与创新，陕西省建筑业正逐步迈入工业化、绿色化、智能化的新时代。这一转变不仅带来了施工技术和工艺的革新，极大提升了工程建设的效率与质量，同时也对工程造价的确定与控制提出了新的要求与挑战。

消耗量定额作为衡量工程建设所需人工、材料、施工机械消耗量的重要标准，其准确性和合理性对于确保工程造价的公正性和科学性至关重要。为此，陕西省住房和城乡建设厅对 2004 版陕西省建设工程消耗量定额进行了全面而深入的修编，以适应新时代建筑业的发展需求。

经过深入的市场调研、专家咨询与广泛的社会意见征集，我们成功构建了一套全新的陕西省建设工程消耗量定额体系。新修订的消耗量定额体系共涵盖《陕西省房屋建筑与装饰工程消耗量定额（2025）》《陕西省安装工程消耗量定额（2025）》《陕西省市政工程消耗量定额（2025）》《陕西省城市地下综合管廊工程消耗量定额（2025）》《陕西省园林绿化工程消耗量定额（2025）》以及《陕西省绿色建筑工程消耗量定额（2025）》等六大专业领域，总计二十八册。这一体系体现了科学、先进、实用的原则，更紧密结合了我省建设工程发展的实际情况，充分吸纳了新的施工工艺和技术标准，对各专业消耗量定额交叉水平进行了统一，为工程造价管理、提高投资效益提供强有力的支持。

作为陕西省建设工程编制最高投标限价（标底）、工程结算、施工图预算、工程造价纠纷处理等工作的重要依据，本消耗量定额也是投标报价、投资估算、设计概算、企业定额等方面的重要参考。在新的定额体系中，我们特别关注了人工、材料、施工机械消耗量的科学确定，其中人工工日按 8 小时工作制计算，且以主要工种的综合工日表示，材料消耗量包含净用量与损耗量，机械消耗量则依据工程实际情况综合确定。

为保持定额体系的时效性与准确性，我们将采取动态管理的方式，根据市场变化和技术进步的情况对定额数据进行必要的更新与调整。同时，我们还将建立定额体系的反馈机制，积极收集来自业界、专家学者及实践工作者的意见和建议，以不断完善定额体系，提高其准确性和效率。

陕西省住房和城乡建设厅

2025 年 3 月

总　说　明

一、为深入贯彻和落实“创新、协调、绿色、开放、共享”的发展理念，助推绿色建筑发展，满足绿色建筑工程项目的计价需要，编制《陕西省绿色建筑工程消耗量定额（2025）》（以下简称本定额），包括：节地与室外环境、节能与能源利用、节水与水资源利用、节材与材料资源利用、室内环境工程共五章。

二、本定额仅适用于绿色建筑中达到国家标准《绿色建筑评价标准》GB/T 50378—2019 二星级以上的项目，其他项目按相应定额及规定执行。建设项目是按照国家标准《绿色建筑评价标准》GB/T 50378—2019 要求进行设计、施工及验收。

三、本定额是完成规定计量单位分部分项工程、措施项目所需的人工、材料、施工机械台班的消耗量标准，是编制最高投标限价（标底）、工程结算、施工图预算、工程造价纠纷处理的依据；是投标报价、投资估算、设计概算、企业定额的参考。

四、本定额按正常施工工期和施工条件，考虑企业常规的施工工艺、合理的施工组织设计进行编制。

1. 材料、设备、成品、半成品、构配件完整无损，符合质量标准和设计要求。

2. 绿色建筑工程和其他工程之间的正常交叉作业。

3. 正常的气候、地理条件和施工环境。

五、关于人工：

1. 本定额的人工以综合工日表示。

2. 本定额的人工包括基本用工、超运距用工、辅助用工和人工幅度差。

3. 本定额的人工每工日按 8 小时工作制计算。

六、关于材料：

1. 本定额采用的材料（包括构配件、零件、半成品、成品）均为符合国家质量标准和相应设计要求的合格产品。

2. 本定额中的材料包括施工中消耗的主要材料、辅助材料、周转材料和其他材料。

3. 本定额中材料消耗量包括净用量和损耗量。损耗量包括：从工地仓库、现场集中堆放地点（或现场加工地点）至操作（或安装）地点的施工场内运输损耗、施工操作损耗、施工现场堆放损耗等。

4. 本定额中所使用砂浆项目是按干混预拌砂浆计算,若实际使用现拌砂浆或湿拌预拌砂浆时，按以下方法调整：

（1）使用现拌砂浆的，除将定额中的干混预拌砂浆调换为现拌砂浆外，按每立方米砂浆增加：综合用工 0.342 工日、将原定额中干混砂浆罐式搅拌机调换为 200L 灰浆搅拌机，台班含量不变。

（2）使用湿拌预拌砂浆的，除将定额中的干混预拌砂浆调换为湿拌预拌砂浆外，另按相应定额中每立方米砂浆扣除综合用工 0.20 工日，并扣除干混砂浆罐式搅拌机台班数量。

5. 本定额的周转材料按摊销量进行编制，已包括回库维修的耗量。

6. 对于用量少、低值易耗的零星材料，列为其他材料。

七、关于机械：

1. 本定额中的机械按常用机械、合理机械配备和施工企业的机械化装备程度，并结合工程实际综合确定。

2. 本定额的机械台班消耗量是按正常机械施工工效并考虑机械幅度差综合确定。

3. 凡单位价值 2000 元以内、使用年限在一年以内的不构成固定资产的施工机械，不列入机械台班消耗量，工具用具使用费在相关费用中考虑，其消耗的燃料动力等列入材料内。

八、关于水平和垂直运输：

1. 材料、成品、半成品：包括自施工单位现场仓库或现场指定堆放地点运至安装地点的水平运输。

2. 垂直运输基准面：室内以室内地（楼）平面为基准面，室外以设计室外地坪面为基准面。

3. 垂直运输如果不能利用已有建筑物的垂直运输机械，则需另外计算。

九、绿色建筑措施项目费除本定额另有说明外，缺少的项目按照《陕西省房屋建筑与装饰工程消耗量定额（2025）》《陕西省通用安装工程消耗量定额（2025）》和《陕西省市政工程消耗量定额（2025）》等有关规定计算。

十、本定额中的工作内容已说明了主要的施工工序，次要工序虽未说明，但均已包括在内。

十一、本定额适用于海拔 2000m 以下的地区。

十二、本定额中遇有两个或两个以上系数时，按连乘法计算。

十三、本定额凡注明“××以内”或“××以下”的，均包括“××”本身；注明“××以外”或“××以上”的，则不包括“××”本身。

十四、定额中未注明或省略的尺寸单位，均为“mm”。

十五、凡本说明未尽事宜，详见各章说明和附录。

十六、本定额的解释和修改，由陕西省建设工程造价服务中心负责。

目　　录

第五章　室内环境工程

第一章

节地与室外环境

说　　明

一、本章包括屋顶绿化、垂直绿化、绿化养护、室外透水地面和补充项目五部分。

二、本定额按照正常的气候、地理条件和施工环境制定。

三、本章项目包括种植后绿化地周围 2m 内的清理工作，但不包括种植前清除建筑垃圾及其他障碍物。

四、屋面防水卷材、滤水层项目消耗量中已包括了卷材及土工布的搭接、拼缝、压边、留槎用量，不另单独计算。

陶粒畜水层实际厚度与定额项目不同时，材料含量按实际厚度进行换算，其他不变。

五、绿化养护是指苗木种植完工验收后的存活养护，本定额绿化养护项目的养护期为一年，不足一年按月折算。

六、单独屋顶绿化工程的垂直运输费用可另行计算。

七、本定额中的苗木高度指地表面至苗木顶端的高度；苗木冠径又称冠幅，指苗木冠从垂直投影面的最大直径和最小直径之间的平均值；蓬径指灌木、灌丛垂直投影面的直径；胸径指地表面向上 1.2m 高处的树干直径；地径指地表面向上 0.1m 高处的树干直径。

八、苗木土球直径按照设计要求确定。当设计无要求时，按以下规定执行：

乔木的土球直径按照胸径的 8 倍计算，不能按照胸径计算的，按照地径的 7 倍计算；棕榈科苗木的土球直径按照地径 2 倍计算；丛生状的亚乔或大灌木按冠径的 40%计算。

九、以地径计量的乔木发生裸根栽植及养护时，按其地径乘以系数 0.88 换算成胸径后，套用相应乔木项目。

十、单一品种成片栽植套用灌木、藤本片植项目。成片栽植是指种植排数 ≥ 3 排、面积 > $3m^2$ 且种植密度 > 5 株/m^2 的一种成片栽植形式。

十一、本章项目中设有“每增减 1cm”的项目适用于结构层铺筑的调整。

工程量计算规则

一、屋顶绿化、垂直绿化、绿化养护：

1. 屋面防水卷材、滤水层，按设计图示尺寸以面积计算，不扣除房上烟囱、风帽底座、风道、屋面小气窗等所占面积，上翻部分也不另计算；屋面的天沟、檐沟、挑檐、雨棚、出屋面房间及高低跨处、女儿墙、伸缩缝和天窗等处的弯起部分，按设计图示尺寸弯起部分 ≤ 300mm 时，按照平面计算，弯起部分 > 300mm 时，按照立面计算；设计无规定时，天沟、檐沟、挑檐、出屋面房间及高低跨处、伸缩缝、女儿墙、天窗的弯起部分按 500mm 计算，计入立面工程量内。

2. 陶粒蓄水层按设计图示尺寸的铺设面积计算，屋顶花园土方按设计图示尺寸的体积计算，绿地细平整按设计需平整的面积计算。

3. 乔木栽植根据种植方式不同，按设计图示数量以“株”计算；乔木养护区分常绿和落叶，按设计需养护数量以“株”计算。

4. 单一品种成片的灌木、藤本栽植及养护，按设计图示面积计算；单株（丛）的灌木栽植及养护，按设计图示数量以“株”计算。

5. 绿篱栽植及养护，按设计图示长度计算。

6. 散生竹栽植及养护，按设计图示数量以“株”计算；丛生竹栽植及养护，按设计图示数量以“丛”计算。

7. 花卉栽植，按设计图示数量以“株”计算；花卉养护，按需养护面积计算。

8. 草坪栽植及养护，按设计图示尺寸以面积计算。

9. 树木支撑区分支撑材料及支撑形式不同，按设计图示数量以“株”计算。

10. 草绳绕树干区分胸径不同，按设计卷杆高度计算。

11. 垂直绿化墙及基层，按设计图示面积计算；爬藤钢索按设计图示数量以“根”计算。

二、室外透水地面：

1. 各类透水基层按设计图示面积计算，不扣除各类井所占面积。

2. 各类透水面层按设计图示面积计算，不扣除各类井所占面积，但扣除与路面相连的平石、侧石和缘石所占的面积。

三、补充项目：

1. 防腐蚀板墙体绿化按设计图示面积计算。

2. 铺筑植草砖按铺筑面积以“m^2”计算。

一、屋 顶 绿 化

1. 绿化基层及土方

工作内容：清理基层，铺设卷材等全部操作过程。　　**计量单位：**100m²

编　号				1-1	1-2
项　目				耐根穿刺改性沥青卷材	土工布过滤层
名　称			单位	消　耗　量	
人工	000202000	综合二类工	工日	2.770	1.224
材料	133303005	耐根穿刺复合铜胎基 SBS 改性沥青卷材	m²	115.635	—
	133517003	改性沥青嵌缝油膏	kg	5.977	—
	143183002	液化石油气	kg	26.992	—
	133503001	SBS 弹性沥青防水胶	kg	28.920	—
	023101001	土工布（综合）	m²	—	111.500
	031501007	圆钉	kg	—	1.090

工作内容：清理基层，铺设排水板、粒料等全部操作过程。　　**计量单位：**100m²

编　号				1-3	1-4
项　目				排水板	陶料蓄水层
					厚度（cm）
					18
名　称			单位	消　耗　量	
人工	000202000	综合二类工	工日	0.926	3.994
材料	133901001	排水板	m²	107.000	—
	144135018	强力胶	kg	12.000	—
	040701001	陶粒	m³	—	18.270

工作内容：切管、组对、连接等全部操作过程。　　**计量单位：**10m

编　号				1-5	1-6
项　目				铺设透水管	
				外径（mm）	
				≤ 110	≤ 200
名　称			单位	消　耗　量	
人工	000202000	综合二类工	工日	0.779	1.111
材料	172527001	塑料盲管 ϕ100	m	10.100	—
	023101001	土工布（综合）	m²	35.000	75.000
	031541002	锯条（综合）	根	0.548	—
	341101001	水	m³	0.132	0.505
	172527002	塑料盲管 ϕ200	m	—	10.100
	850103006	其他材料费（占材料费）	%	2.000	2.000
机械	990706010	木工圆锯机 500mm	台班	—	0.014
	990401020	载重汽车 5t	台班	—	0.012
	990304004	汽车式起重机 8t	台班	—	0.057

工作内容：就地取土、推土、夯实、修正，绿地粗整平；表面松翻、耙细、去除小颗粒杂物。 **计量单位：**见表

编号				1-7	1-8	1-9
项目				屋顶花园土方		绿地细平整
				成品种植土	掺料种植土	
单位				m^3		$10m^2$
名称			单位	消耗量		
人工	000102000	综合一类工	工日	0.290	0.500	0.500
材料	322900001	种植土	m^3	1.050	0.640	—
	341101001	水	m^3	0.190	0.200	—
	091700001	珍珠岩	m^3	—	0.520	—

注：掺料种植土与设计比例不同时，可以换算。

2. 苗木种植

（1）乔　木

工作内容：挖穴栽植、扶正回土、筑水围、浇水、复土保墒、整形清理。 **计量单位：**10 株

编号				1-10	1-11	1-12	1-13	1-14	1-15
项目				栽植乔木					
				带土球					
				土球直径（cm）					
				≤20	≤40	≤60	≤80	≤100	≤120
名称			单位	消耗量					
人工	000202000	综合二类工	工日	0.600	2.750	3.780	5.450	12.720	18.600
材料	320100001	乔木	株	10.100	10.100	10.100	10.100	10.100	10.100
	341101001	水	m^3	0.250	0.375	0.875	1.375	3.000	4.000

工作内容：挖穴栽植、扶正回土、筑水围、浇水、复土保墒、整形清理。 **计量单位：**10 株

编号				1-16	1-17	1-18	1-19
项目				栽植乔木			
				裸根			
				胸径（cm）			
				≤4	≤6	≤8	≤10
名称			单位	消耗量			
人工	000202000	综合二类工	工日	0.600	1.080	1.920	3.240
材料	320100001	乔木	株	10.100	10.100	10.100	10.100
	341101001	水	m^3	0.250	0.500	0.750	1.000

工作内容：挖穴栽植、扶正回土、筑水围、浇水、复土保墒、整形清理。 **计量单位：**10 株

编号				1-20	1-21	1-22
项目				栽植乔木		
				裸根		
				胸径（cm）		
				≤12	≤14	≤16
名称			单位	消耗量		
人工	000202000	综合二类工	工日	5.640	9.120	9.840
材料	320100001	乔木	株	10.100	10.100	10.100
	341101001	水	m^3	1.500	2.000	3.000

（2）灌木、藤本

工作内容：挖穴栽植、扶正回土、筑水围、浇水、复土保墒、整形清理。 **计量单位**：10 株

编号				1-23	1-24	1-25	1-26
项目				栽植灌木、藤本			
				带土球			
				土球直径（cm）			
				≤30	≤40	≤50	≤60
		名称	单位	消耗量			
人工	000202000	综合二类工	工日	0.900	1.800	2.760	5.040
材料	320300001	灌木、藤本	株	10.500	10.500	10.500	10.500
	341101001	水	m^3	0.250	0.500	0.750	1.000

工作内容：挖穴栽植、扶正回土、筑水围、浇水、复土保墒、整形清理。 **计量单位**：10 株

编号				1-27	1-28	1-29	1-30
项目				栽植灌木、藤本			
				带土球			
				土球直径（cm）			
				≤70	≤80	≤100	≤120
		名称	单位	消耗量			
人工	000202000	综合二类工	工日	5.160	8.400	13.560	19.800
材料	320300001	灌木、藤本	株	10.500	10.500	10.500	10.500
	341101001	水	m^3	1.250	1.500	3.000	4.000

工作内容：挖穴栽植、扶正回土、筑水围、浇水、复土保墒、整形清理。 **计量单位**：10 株

编号				1-31	1-32	1-33	1-34	1-35
项目				栽植灌木、藤本				
				裸根				
				苗木高度（cm）				
				≤50	≤100	≤150	≤200	≤250
		名称	单位	消耗量				
人工	000202000	综合二类工	工日	0.180	0.480	0.720	1.320	2.280
材料	320300001	灌木、藤本	株	10.500	10.500	10.500	10.500	10.500
	341101001	水	m^3	0.250	0.250	0.250	0.500	0.750

工作内容：挖穴栽植、扶正回土、筑水围、浇水、复土保墒、整形清理。 **计量单位**：$10m^2$

编号				1-36	1-37	1-38	1-39	1-40
项目				片植灌木、藤本				
				苗高 50 以内				
				种植密度（株/m^2）				
				≤9	≤16	≤25	≤36	≤49
		名称	单位	消耗量				
人工	000202000	综合二类工	工日	0.858	1.484	2.280	3.203	4.368
材料	320300001	灌木、藤本	株	94.500	168.000	262.500	378.000	514.500
	341101001	水	m^3	0.500	0.550	0.600	0.650	0.700

注：种植密度 9 以内、16 以内、25 以内、36 以内、49 以内，定额分别是按每平方米种植 9 株、16 株、25 株、36 株、49 株编制的。实际种植密度与定额不同时，定额基价按密度比例换算。

工作内容：挖穴栽植、扶正回土、筑水围、浇水、复土保墒、整形清理。　　**计量单位：**$10m^2$

编　号				1-41	1-42	1-43
项　目				片植灌木、藤本		
				苗高 50～100		
				种植密度（株/m^2）		
				≤ 9	≤ 16	≤ 25
名　称			单位	消　耗　量		
人工	000202000	综合二类工	工日	1.860	3.228	4.932
材料	320300001	灌木、藤本	株	9.450	16.800	26.250
	341101001	水	m^3	0.500	0.550	0.600

注：种植密度 9 以内、16 以内、25 以内，定额分别是按每平方米种植 9 株、16 株、25 株编制的。实际种植密度与定额不同时，定额基价按密度比例换算。

（3）绿　篱

工作内容：挖穴栽植、扶正回土、筑水围、浇水、复土保墒、整形清理。　　**计量单位：**10m

编　号				1-44	1-45	1-46	1-47
项　目				栽植绿篱			
				单排			
				高度（cm）			
				≤ 40	≤ 60	≤ 80	≤ 100
名　称			单位	消　耗　量			
人工	000202000	综合二类工	工日	0.623	0.768	1.008	1.380
材料	320501001	绿篱	m	10.500	10.500	10.500	10.500
	341101001	水	m^3	0.150	0.200	0.250	0.300

工作内容：挖穴栽植、扶正回土、筑水围、浇水、复土保墒、整形清理。　　**计量单位：**10m

编　号				1-48	1-49	1-50	1-51
项　目				栽植绿篱			
				单排		双排	
				高度（cm）			
				≤ 120	≤ 150	≤ 40	≤ 60
名　称			单位	消　耗　量			
人工	000202000	综合二类工	工日	1.657	2.112	0.768	0.923
材料	320501001	绿篱	m	10.500	10.500	21.000	21.000
	341101001	水	m^3	0.400	0.500	0.200	0.250

工作内容：挖穴栽植、扶正回土、筑水围、浇水、复土保墒、整形清理。　　**计量单位：**10m

编　号				1-52	1-53	1-54
项　目				栽植绿篱		
				双排		
				高度（cm）		
				≤ 80	≤ 100	≤ 120
名　称			单位	消　耗　量		
人工	000202000	综合二类工	工日	1.357	1.932	2.843
材料	320501001	绿篱	m	21.000	21.000	21.000
	341101001	水	m^3	0.300	0.400	0.550

(4) 竹　类

工作内容：挖穴栽植、扶正回土、筑水围、浇水、复土保墒、整形清理。　　**计量单位：**见表

编　号				1-55	1-56	1-57	1-58
项　目				栽植竹类			
				散生竹		丛生竹	
				胸径（cm）		根盘丛径（cm）	
				≤ 2	≤ 4	≤ 30	≤ 40
单　位				10 株		10 丛	
名　称			单位	消　耗　量			
人工	000202000	综合二类工	工日	0.480	0.720	0.840	1.440
材料	321100001	竹子	株（丛）	10.500	10.500	10.500	10.500
	341101001	水	m^3	0.250	0.380	0.250	0.380

工作内容：挖穴栽植、扶正回土、筑水围、浇水、复土保墒、整形清理。　　**计量单位：**10 丛

编　号				1-59	1-60	1-61
项　目				栽植竹类		
				丛生竹		
				根盘丛径（cm）		
				≤ 50	≤ 60	≤ 70
名　称			单位	消　耗　量		
人工	000202000	综合二类工	工日	3.480	4.080	4.680
材料	321100001	竹子	株（丛）	10.500	10.500	10.500
	341101001	水	m^3	0.500	0.750	1.000

(5) 花　卉

工作内容：整形清理、翻土施肥、放样栽植、浇水保墒、清理。　　**计量单位：**100 株

编　号				1-62	1-63
项　目				栽植花卉（片植）	
				草本花	球根类
名　称			单位	消　耗　量	
人工	000202000	综合二类工	工日	0.667	1.066
材料	321300001	花卉	株	105.000	105.000
	322703001	有机肥	kg	3.000	3.000
	341101001	水	m^3	0.400	0.546

(6) 草　皮

工作内容：翻土施肥、搬运草皮（草籽播种）、铺草嵌缝、浇水清理。　　**计量单位：**$10m^2$

编　号				1-64	1-65	1-66
项　目				栽植草皮		
				散铺	满铺	籽播
名　称			单位	消　耗　量		
人工	000202000	综合二类工	工日	0.918	1.258	0.660
材料	320701002	草坪	m^2	7.875	10.500	10.500
	341101001	水	m^3	0.500	0.500	0.200

3. 树 木 支 撑

工作内容： 制桩、运桩、打桩、绑扎。　　**计量单位：** 株

编号				1-67	1-68	1-69	1-70	1-71
项目				树棍桩				
				四脚桩	三脚桩	一字桩	长单桩	短单桩
		名称	单位	消耗量				
人工	000202000	综合二类工	工日	0.088	0.060	0.060	0.040	0.020
材料	323007002	树棍 2.2m	根	—	—	—	1.000	—
	323007001	树棍 1.2m	根	5.000	3.000	3.000	—	1.000
	031507004	铁丝 ϕ2.8～4.0	kg	0.100	0.100	0.100	0.050	0.050

工作内容： 制桩、运桩、打桩、绑扎。　　**计量单位：** 株

编号				1-72	1-73	1-74	1-75	1-76	1-77
项目				钢丝吊桩	毛竹桩				
					四脚桩	三脚桩	一字桩	长单桩	短单桩
		名称	单位	消耗量					
人工	000202000	综合二类工	工日	0.070	0.090	0.060	0.060	0.040	0.020
材料	321115003	竹梢 长 2.2m	根	—	—	—	—	1.000	—
	031507004	铁丝 ϕ2.8～4.0	kg	1.000	—	—	—	—	—
	333101001	木桩	根	3.000	—	—	—	—	—
	321115002	竹梢 长 1.2m	根	—	6.000	3.000	3.000	—	1.000
	021915003	扎绑绳	kg	—	1.500	0.500	1.000	0.500	0.500

工作内容： 搬运、绕干、余料清理。　　**计量单位：** m

编号				1-78	1-79	1-80	1-81
项目				草绳绕树干			
				胸径（cm）			
				≤5	≤10	≤15	≤20
		名称	单位	消耗量			
人工	000202000	综合二类工	工日	0.030	0.040	0.050	0.070
材料	022901007	草绳	kg	1.000	2.000	3.000	4.000

二、垂 直 绿 化

工作内容： 定位、下料、打眼、剔洞、安螺栓、安装龙骨等全部操作过程。　　**计量单位：** 10m²

编号				1-82	1-83	1-84
项目				龙骨基层		
				轻钢龙骨	铝合金龙骨	木龙骨
		名称	单位	消耗量		
人工	000202000	综合二类工	工日	0.990	1.130	1.170
材料	100101005	轻钢竖向龙骨 30×30	m	7.130	—	—
	100101006	轻钢竖向龙骨 50×75	m	28.030	—	—
	100103030	轻钢沿边龙骨	m	7.130	—	—

续前

编号				1-82	1-83	1-84
项目				龙骨基层		
				轻钢龙骨	铝合金龙骨	木龙骨
名称			单位	消耗量		
材料	101305001	轻钢龙骨角托	个	30.600	—	—
	101303001	轻钢龙骨卡托	个	30.600	—	—
	030107044	膨胀螺栓 钢制 M12	套	25.500	52.940	—
	100300001	铝合金龙骨 60×30	m	—	40.280	—
	050401003	板枋材	m^3	—	—	0.260
	031501007	圆钉	kg	—	—	0.240
	130507001	防腐油	kg	—	—	0.300
	850103006	其他材料费（占材料费）	%	2.000	2.000	2.000
机械	990785030	砂轮切割机 ϕ400	台班	0.030	0.350	—
	990706010	木工圆锯机 500mm	台班	—	—	0.020

工作内容： 定位、安装面板等全部操作过程。 **计量单位：** 10m^2

编号				1-85
项目				墙体绿化
				硅酸钙板
名称			单位	消耗量
人工	000202000	综合二类工	工日	1.070
材料	091900002	硅酸钙板 δ8	m^2	10.300
	030103045	镀锌自攻螺钉 ST3×10	个	200.000
	850103006	其他材料费（占材料费）	%	2.000

工作内容： 1. 种植模块内铺设无纺布、填充种植介质土、安装种植模块、种植苗木。
2. 无纺布的运输、安装。
3. 镀塑钢丝围栏的运输、安装。 **计量单位：** 10m^2

编号				1-86	1-87	1-88
项目				垂直绿化墙		
				模块式	粘贴式	
					软式	硬式
名称			单位	消耗量		
人工	000202000	综合二类工	工日	11.030	0.500	0.730
材料	022703004	无纺布	m^2	33.650	—	—
	320000002	园林苗木	株	480.000	—	—
	322900001	种植土	m^3	1.080	—	—
	323505002	种植模块（成品）330×190×140	只	240.000	—	—
	011303002	镀锌扁钢 16×0.5	m	—	11.220	—
	021911003	平织尼龙网	m^2	—	10.200	—
	031517002	镀塑钢丝围栏	m^2	—	—	10.250
	850103006	其他材料费（占材料费）	%	2.000	2.000	2.000
机械	990401015	载重汽车 4t	台班	—	—	0.030

工作内容：种植槽内铺设无纺布、回填种植土、种植苗木，种植槽钢托架的制作安装等。　**计量单位：**$10m^2$

编　号				1-89
项　目				沿口绿化 种植槽
名　称			单位	消　耗　量
人工	000202000	综合二类工	工日	6.410
材料	320000002	园林苗木	株	30.000
	322900001	种植土	m^3	0.700
	323505001	种植槽（成品）650×289×250	只	15.400
	022703004	无纺布	m^2	10.610
	182721001	铁件支架	kg	208.950
	850103006	其他材料费（占材料费）	%	2.000
机械	990401015	载重汽车 4t	台班	0.390

工作内容：定点、放线、卸车、拼装、膨胀螺栓固定、清理现场等。　**计量单位：**100m

编　号				1-90
项　目				绿地垂直绿化隔离墙 膨胀螺栓
名　称			单位	消　耗　量
人工	000202000	综合二类工	工日	5.585
材料	361301001	固定式分隔栏	m	100.000
	030107038	膨胀螺栓 M10×80	套	40.800
	850103006	其他材料费（占材料费）	%	2.000
机械	990401020	载重汽车 5t	台班	0.560

工作内容：定点、放线、卸车、拼装、预埋固定、清理现场等。　**计量单位：**100m

编　号				1-91
项　目				绿地垂直绿化隔离墙 预埋
名　称			单位	消　耗　量
人工	000202000	综合二类工	工日	4.428
材料	361301001	固定式分隔栏	m	102.000
	850103006	其他材料费（占材料费）	%	2.000
机械	990401020	载重汽车 5t	台班	0.430

工作内容：定位、安装拉索组件及钢索。　**计量单位：**10 根

编　号				1-92
项　目				爬藤钢索
名　称			单位	消　耗　量
人工	000202000	综合二类工	工日	0.630
材料	031513001	不锈钢索 $\phi6$	m	21.000
	030355003	不锈钢拉索组件	套	10.100
	031509014	镀锌连接铁件	kg	20.880

注：不锈钢索 $\phi6$ 每根 2m，设计不同，材料换算。

三、绿 化 养 护

1. 乔　　木

工作内容：中耕施肥、整地除草、修剪剥芽、防病除害、清除枯枝、灌溉排水、环境清理等。　**计量单位：**10 株

编　　号				1-93	1-94	1-95
项　　目				常绿乔木		
				胸径（cm）		
				≤ 5	≤ 10	≤ 20
名　　称			单位	消　耗　量		
人工	000202000	综合二类工	工日	2.089	3.611	6.828
材料	322701001	无机肥 复合肥	kg	6.547	6.880	7.200
	143169001	药剂	kg	0.571	0.635	0.706
	341101001	水	m^3	0.496	0.990	2.079
	850103006	其他材料费（占材料费）	%	2.000	2.000	2.000

工作内容：中耕施肥、整地除草、修剪剥芽、防病除害、清除枯枝、灌溉排水、环境清理等。　**计量单位：**10 株

编　　号				1-96	1-97	1-98
项　　目				落叶乔木		
				胸径（cm）		
				≤ 5	≤ 10	≤ 20
名　　称			单位	消　耗　量		
人工	000202000	综合二类工	工日	2.345	3.996	7.538
材料	322701001	无机肥 复合肥	kg	6.998	7.776	8.640
	143169001	药剂	kg	0.622	0.692	0.770
	341101001	水	m^3	0.376	0.792	1.584
	850103006	其他材料费（占材料费）	%	2.000	2.000	2.000

2. 灌木、藤本

工作内容：中耕施肥、整地除草、修剪剥芽、防病除害、清除枯枝、灌溉排水、环境清理等。　**计量单位：**见表

编　　号				1-99	1-100	1-101	1-102	1-103	1-104
项　　目				灌木、藤本					片植灌木、藤本
				高度（cm）					
				≤ 50	≤ 100	≤ 150	≤ 200	≤ 250	
单　　位				10 株					$10m^2$
名　　称			单位	消　耗　量					
人工	000202000	综合二类工	工日	0.168	0.258	0.385	0.580	0.868	0.963
材料	322701001	无机肥 复合肥	kg	0.539	0.829	1.244	1.836	2.754	2.513
	143169001	药剂	kg	0.055	0.084	0.126	0.189	0.284	0.255
	341101001	水	m^3	0.690	1.036	1.553	2.330	3.495	3.138
	850103006	其他材料费（占材料费）	%	2.000	2.000	2.000	2.000	2.000	2.000

3. 绿　　篱

工作内容： 中耕施肥、整地除草、修剪剥芽、防病除害、清除枯枝、灌溉排水、环境清理等。　**计量单位：** 10m

编　　号				1-105	1-106	1-107
项　　目				单排绿篱		
				高度（cm）		
				≤50	≤100	≤150
名　　称			单位	消　耗　量		
人工	000202000	综合二类工	工日	0.197	0.215	0.242
材料	322701001	无机肥 复合肥	kg	1.675	1.861	2.068
	143169001	药剂	kg	0.041	0.045	0.050
	341101001	水	m^3	0.297	0.594	0.990
	850103006	其他材料费（占材料费）	%	2.000	2.000	2.000

工作内容： 中耕施肥、整地除草、修剪剥芽、防病除害、清除枯枝、灌溉排水、环境清理等。　**计量单位：** 10m

编　　号				1-108	1-109	1-110
项　　目				双排绿篱		
				高度（cm）		
				≤50	≤100	≤150
名　　称			单位	消　耗　量		
人工	000202000	综合二类工	工日	0.284	0.317	0.351
材料	322701001	无机肥 复合肥	kg	2.513	2.790	3.100
	143169001	药剂	kg	0.055	0.060	0.070
	341101001	水	m^3	0.396	0.790	1.580
	850103006	其他材料费（占材料费）	%	2.000	2.000	2.000

4. 竹　　类

工作内容： 中耕施肥、整地除草、防病除害、清除枯枝、灌溉排水、环境清理等。　**计量单位：** 10 株

编　　号				1-111
项　　目				竹类
				散生竹、丛生竹
名　　称			单位	消　耗　量
人工	000202000	综合二类工	工日	0.287
材料	341101001	水	m^3	1.000
	322700001	肥料	kg	0.540
	143169001	药剂	kg	0.029

5. 花　　卉

工作内容： 中耕施肥、整地除草、防病除害、清除枯枝、灌溉排水、环境清理等。　**计量单位：** $10m^2$

编　　号				1-112
项　　目				花卉
				草本及球根
名　　称			单位	消　耗　量
人工	000202000	综合二类工	工日	0.837
材料	322701001	无机肥 复合肥	kg	5.025
	143169001	药剂	kg	0.062

续前

编　　号				1-112
项　　目				花卉
				草本及球根
名　　称			单位	消　耗　量
材料	341101001	水	m^3	2.928
	850103006	其他材料费（占材料费）	%	2.000

注：不包括换花的费用。

工作内容：中耕施肥、整地除草、修剪剥芽、防病除害、清除枯枝、灌溉排水、环境清理等。 **计量单位：**10 株

编　　号				1-113	1-114
项　　目				攀缘植物	
				生长年数（年）	
				≤3	＞3
名　　称			单位	消　耗　量	
人工	000202000	综合二类工	工日	0.487	0.731
材料	322701001	无机肥 复合肥	kg	3.240	3.600
	143169001	药剂	kg	0.462	0.513
	341101001	水	m^3	0.338	0.405
	850103006	其他材料费（占材料费）	%	2.000	2.000

6. 草　　皮

工作内容：整地镇压、割草修边、清除草屑、挑除杂草、空秃补植、加土施肥、防病除害、灌溉排水、环境清理等。 **计量单位：**$10m^2$

编　　号				1-115	1-116	1-117
项　　目				草皮		
				散铺	满铺	籽播
名　　称			单位	消　耗　量		
人工	000202000	综合二类工	工日	1.109	1.033	1.194
材料	322701001	无机肥 复合肥	kg	2.792	2.792	2.792
	143169001	药剂	kg	0.057	0.057	0.057
	341101001	水	m^3	1.478	1.478	1.478
	850103006	其他材料费（占材料费）	%	2.000	2.000	2.000

四、室外透水地面

1. 透水地面基层

工作内容：放样、清理路床、取料、运料、上料、摊铺、找平、碾压。 **计量单位：**$100m^2$

编　　号				1-118	1-119	1-120	1-121
项　　目				级配砂砾石摊铺		碎石摊铺	
				厚度（cm）			
				20	每增减 1	20	每增减 1
名　　称			单位	消　耗　量			
人工	000202000	综合二类工	工日	3.164	0.158	3.256	0.162

续前

编号				1-118	1-119	1-120	1-121
项目				级配砂砾石摊铺		碎石摊铺	
				厚度（cm）			
				20	每增减 1	20	每增减 1
	名称		单位	消耗量			
材料	040505002	砂砾 5～80mm	m^3	24.480	1.224	—	—
	040501002	碎石（综合）	m^3	—	—	26.520	1.326
	850103006	其他材料费（占材料费）	%	2.000	2.000	2.000	2.000
机械	990101020	履带式推土机 90kW	台班	0.060	—	—	—
	990113030	平地机 120kW	台班	0.177	—	—	—
	990122020	钢轮振动压路机 8t	台班	0.059	—	—	—
	990122050	钢轮振动压路机 15t	台班	0.213	—	—	—
	990120020	钢轮内燃压路机 8t	台班	—	—	0.029	—
	990120040	钢轮内燃压路机 15t	台班	—	—	0.161	—
	990113020	平地机 90kW	台班	—	—	0.180	—

2. 透水地面面层

工作内容： 清扫基层、放样、整修侧缘石、测温、摊铺、接茬、找平、点补、碾压清理。 **计量单位：** $100m^2$

编号				1-122	1-123
项目				透水沥青混凝土（OGFC-13）	
				厚度（cm）	
				4	每增减 1
	名称		单位	消耗量	
人工	000202000	综合二类工	工日	0.992	0.083
材料	802509001	透水沥青混凝土	t	8.323	2.081
	341101001	水	m^3	0.088	0.013
	140305002	柴油	kg	0.630	0.158
	850103006	其他材料费（占材料费）	%	1.000	1.000
机械	990122030	钢轮振动压路机 10t	台班	0.036	0.005
	990142030	沥青混凝土摊铺机 8t	台班	0.050	0.014

工作内容： 放样、拌料、摊铺、振捣夯实、整平、养护、锯缝、填嵌缝胶、喷保护剂、清理场地。

计量单位： $100m^2$

编号				1-124	1-125	1-126	1-127
项目				铺筑透水砖	现浇透水水泥混凝土面层		现浇透水彩色水泥混凝土面层
					厚度（cm）		厚 3cm
					5	每增减 1	
	名称		单位	消耗量			
人工	000202000	综合二类工	工日	9.181	10.973	0.883	15.503
材料	360507001	透水砖	m^2	102.000	—	—	—
	040303001	中粗砂	m^3	7.981	—	—	—
	040100007	水泥 52.5	kg	—	1921.014	376.670	—
	040501024	碎石（精加工玄武岩）5～10	kg	—	9698.325	1939.665	5818.995
	143521001	LDA 增强剂	kg	—	17.838	9.688	29.063

续前

编　　号				1-124	1-125	1-126	1-127
项　　目				铺筑透水砖	现浇透水水泥混凝土面层		现浇透水彩色水泥混凝土面层
					厚度（cm）		厚 3cm
					5	每增减 1	
名　　称			单位	消　耗　量			
材料	133513001	PG 道路封缝胶	kg	—	9.765	—	9.765
	023101004	涤纶针刺土工布 200g/m²	m²	—	20.000	—	20.000
	143527001	氟碳保护剂	kg	—	30.000	—	30.000
	021309001	泡沫条 $\phi8$	m	—	30.600	—	30.000
	031541007	石料切割锯片	片	—	0.050	—	0.050
	341101001	水	m³	—	4.451	0.090	4.271
	341103001	电	kW · h	—	—	0.132	0.400
	040113003	白色硅酸盐水泥 52.5	kg	—	—	—	1152.609
	142311002	无机颜料	kg	—	—	—	34.578
	850103006	其他材料费（占材料费）	%	—	1.000	—	—
机械	990406010	机动翻斗车 1t	台班	—	0.403	0.081	0.242
	990602030	双锥反转出料混凝土搅拌机 500L	台班	—	0.167	0.033	0.100
	991003020	电动空气压缩机 0.6m³/min	台班	—	—	—	0.030
	990618010	混凝土切缝机 7.5kW	台班	—	—	—	0.375

工作内容：放样、拌料、摊铺、振捣夯实、整平、养护、锯缝、填嵌缝胶、冲洗、喷保护剂、清理场地。

计量单位：100m²

编　　号				1-128
项　　目				现浇洗出石透水水泥混凝土面层
				厚 3cm
名　　称			单位	消　耗　量
人工	000202000	综合二类工	工日	17.029
材料	040113003	白色硅酸盐水泥 52.5	kg	1152.609
	040503003	卵石 5～10	kg	5818.995
	143521001	LDA 增强剂	kg	29.063
	133513001	PG 道路封缝胶	kg	9.765
	023101004	涤纶针刺土工布 200g/m²	m²	20.000
	143533001	缓凝剂	kg	30.000
	021309001	泡沫条 $\phi8$	m	30.000
	031541007	石料切割锯片	片	0.050
	142311002	无机颜料	kg	34.578
	341101001	水	m³	6.271
	341103001	电	kW · h	0.600
机械	990406010	机动翻斗车 1t	台班	0.242
	990602030	双锥反转出料混凝土搅拌机 500L	台班	0.150
	991003020	电动空气压缩机 0.6m³/min	台班	0.030
	990618010	混凝土切缝机 7.5kW	台班	0.488

工作内容：制作、安装、拆除、清理整堆。　　　　**计量单位：**m^2

编　号				1-129
项　目				透水地面混凝土路面模板
名　称			单位	消　耗　量
人工	000202000	综合二类工	工日	0.302
材料	350111002	钢模板	kg	0.662
	350209002	钢模零配件	kg	2.370
	031599014	金属帽	只	2.000
	031501007	圆钉	kg	0.013
机械	990709010	木工平刨床 300mm	台班	0.047
	990706010	木工圆锯机 500mm	台班	0.047
	990304004	汽车式起重机 8t	台班	0.001
	990401015	载重汽车 4t	台班	0.002

五、补 充 项 目

1. 墙 面 绿 化

工作内容：定位、安装面板等全部操作过程。　　　　**计量单位：**$10m^2$

编　号				1-130
项　目				墙体绿化
				防腐蚀板
名　称			单位	消　耗　量
人工	000202000	综合二类工	工日	1.063
材料	021107004	PVC 防腐蚀板	m^2	10.300
	030103043	镀锌自攻螺钉 ST4～6×20～35	个	200.000
	850103006	其他材料费（占材料费）	%	2.000

2. 植草砖铺砌

工作内容：放样、铺砂垫层、铺砌、扫缝、清理场地。　　　　**计量单位：**$100m^2$

编　号				1-131
项　目				铺筑植草砖
名　称			单位	消　耗　量
人工	000202000	综合二类工	工日	9.181
材料	360505001	植草砖	m^2	102.000
	040303001	中粗砂	m^3	7.981

第二章

节能与能源利用

说　明

一、本章包括建筑与外围结构、高效冷热源设备、节能照明与电气、能量综合利用和补充项目五部分。

二、建筑与外围结构：

1. 本章各类门窗均按工厂成品、现场安装编制，除项目注明外，成品均包括玻璃及五金配件等。

2. 门窗项目中玻璃按中空玻璃考虑。

3. 金属门连窗，门与窗分别按相应项目执行。

4. 门窗安装项目均包括玻璃安装、五金铁件安装。

5. 本章项目不包括现场涂刷防腐油及油漆，如发生时，按相应专业消耗量项目执行。

6. 保温隔热项目仅包括保温隔热层材料的铺贴，不包括隔气防潮、保护层等。

7. 保温隔热层的材料配合比、材质、厚度如设计与项目不同时，可以换算。

8. 弧形墙墙面保温隔热层，按相应项目的人工乘以系数 1.1。

9. 墙面岩棉板保温、聚苯乙烯板保温、保温装饰一体板、发，泡水泥板项目如设计使用钢骨架者，钢骨架按《陕西省房屋建筑与装饰工程消耗量定额（2025）》第十二章“墙、柱面装饰与隔断、幕墙工程”相应项目执行。

10. 屋面、墙面聚苯乙烯板铺贴项目中，聚苯乙烯板厚度不同，板材按比例调整，其他不变。

11. 厚层保温腻子项目中，如果保温腻子厚度小于 15mm 且为一遍成活时，人工乘以系数 0.8。

12. 屋面预制纤维板水泥架空板凳项目中板凳的规格如果与项目中不一致，换算材料，其他不变。

13. 反射隔热涂料（覆盖）项目根据基层材料不同分为光面、毛面、砂壁。

三、高效冷热源设备：

1. 再热型变风量末端装置按相应变风量末端装置的项目人工消耗量乘以系数 1.10。

2. 变风量空调风系统调试按系统人工费的 9%计取，其中人工费占 35%。包括漏风量测试、漏光法测试费、风系统平衡调试费。

3. 一体化预制辐射供暖（冷）板安装不包括龙骨安装，如发生，执行《陕西省房屋建筑与装饰工程消耗量定额（2025）》的相关项目。

四、节能照明与电气：

1. 照明灯具安装除特殊说明外，均不包括支架制作与安装，发生时执行《陕西省通用安装工程消耗量定额（2025）》第四册《电气设备与线缆安装工程》中第七章“金属构件、穿墙套板安装工程”相关项目。

2. 电气工程的相关系统调试执行《陕西省通用安装工程消耗量定额（2025）》第四册《电气设备与线缆安装工程》中第十七章“电气设备调试工程”相关项目。

3. 电工钢带变压器执行非晶合金变压器相应项目。

五、能量综合利用：

1. 能量回收新风换气机安装分为吊顶式、落地式、墙上式、分段组装式四种安装方式。

2. 蓄冷设备安装包括双工况制冷机组、蓄冰槽（罐）安装、乙二醇泵、换热器、蓄冰盘管等安装。水蓄冷蓄热罐上的梯子、平台、栏杆、附件、胎具和压力试验执行《陕西省通用安装工程消耗量定额（2025）》第三册《静置设备与工艺金属结构制作安装工程》相关项目。

3. 太阳能光伏发电系统。

（1）太阳能光伏发电系统项目包括太阳能电池板钢架安装、太阳能电池组装和安装、光伏逆变器、控制器、数据采集仪、环境测量装置等设备的安装，以及太阳能电池与控制屏联测。

（2）太阳能电池板钢架安装不含防雷、接地及支架与支柱的制作安装，发生时应依据设计图纸套用《陕西省通用安装工程消耗量定额（2025）》第四册《电气设备与线缆安装工程》相关项目。

（3）太阳能电池组装与安装项目按每组电池的最大输出功率 Wp 划分。功率小于或等于 1500Wp，按相应项目套用；功率大于 1500Wp 时，每增加 500Wp 计算一组增加工程量，功率小于 500Wp 时，按 500Wp 计算。

（4）太阳能光伏逆变器功率大于 1000kW，根据组合安装方式，分解成若干台设备计算工程量。

（5）太阳能控制器与逆变器组合为复合电气逆变器时，只计算逆变器安装工程量，不再计算控制器的工程量。

（6）各种配套的桥架、线槽、电线、电缆、配电箱等执行《陕西省通用安装工程消耗量定额（2025）》第四册《电气设备与线缆安装工程》相关项目。

（7）电能存储所用的蓄电池安装、独立充放电控制器执行《陕西省通用安装工程消耗量定额（2025）》第四册《电气设备与线缆安装工程》相应项目。

（8）作为对太阳能光伏发电系统管控所需的数据传输、分析所用的计算机、控制线缆等安装调试，执行《陕西省通用安装工程消耗量定额（2025）》第五册《建筑智能化工程》相关项目。

4. 太阳能路灯。

（1）太阳能路灯均已考虑了一般工程的高空作业因素。

（2）太阳能路灯已经包括太阳能光伏板电池和蓄电池、风叶等部件的安装。

5. 太阳能集热装置。

（1）平屋面集热器分单层布设和层叠布设两种形式，其集热器形式分别采用真空玻璃集热器、平板式集热器；外墙斜挂式和垂挂式集热器安装项目均考虑采用平板式集热器。

太阳能集热器单层布设：指太阳能集热器组在同一水平面的纵向布置方式。

太阳能集热器层叠布设：指太阳能集热器组在同一斜面上的多层布置方式。

集热器外墙垂挂式：指太阳能集热器平行布设在建筑物或构筑物的外立面上的布置方式。

集热器外墙斜挂式：指太阳能集热器在建筑物或构筑物的外立面成一定仰角布设的布置方式。

（2）各种水泵、水管、阀门、管道保温、膨胀水箱、电气管道、线缆等设备材料安装均分别执行《陕西省通用安装工程消耗量定额（2025）》相应章册项目。

（3）太阳能集热装置作为热水热源，系统中会配置一定量的辅助热源，如燃气热水器、电热水器等，该部分的设备材料安装应根据设计要求，执行《陕西省通用安装工程消耗量定额（2025）》第十册《给排水、采暖、燃气安装工程》相应项目。

（4）太阳能集热装置安装包括安装高度 1.5m 以下的钢支架制作安装，若实际钢支架高度高于 1.5m，则集热装置和支架应分别计算工程量并执行《陕西省通用安装工程消耗量定额（2025）》第十册《给排水、采暖、燃气安装工程》相应项目。

6. 地（水、气）源热泵。

（1）地（水、气）源热泵机组按整体组成安装编制。

（2）地源热泵系统垂直地埋管成孔项目适用于有效深度 100m 内的垂直地埋管成孔，项目包括泥浆池及排浆沟槽开挖，但不包括施工中产生的污水、冲洗水及其他施工用水排入临时沉淀池的泥浆水沉淀处理和外运，入岩增加按实际入岩深度套用相应项目。垂直地埋管成孔项目不包括地源热泵钻机等机械的进出场费用。

水平地埋管涉及管沟开挖、整理、铺设黄砂等执行陕西省相关专业项目；垂直地埋塑料管热熔安装 *DN*32 以下（单 U 管、双 U 管）安装包括试压试验。

六、补充项目：

1. 智能控制器仅包含其安装、调试所需费用，智能控制器设备购置费用另行计算。

2. 充电桩仅包含其安装所需费用，充电桩设备购置费用另行计算。

工程量计算规则

一、建筑与外围结构：

1. 门窗均按设计图示门、窗洞口尺寸以面积计算。

2. 门连窗按设计图示洞口尺寸分别计算门、窗面积，其中窗的宽度算至门框外边线。

3. 屋面保温隔热层工程量按设计图示尺寸以面积计算，扣除 $> 0.3m^2$ 孔洞所占面积。屋面排气等项目按设计图示尺寸以项目规定的计量单位计算。

4. 墙面保温隔热层工程量按设计图示尺寸以面积计算，扣除门窗洞口及面积 $> 0.3m^2$ 梁、孔洞所占面积；门窗洞口侧壁以及与墙相连的柱，并入保温墙体工程量内。墙体及混凝土板下铺贴隔热层不扣除与木框架及木龙骨的交叉部分。其中外墙按隔热层中心线长度计算，内墙按隔热层净长度计算。保温线条按照《陕西省房屋建筑与装饰工程消耗量定额（2025）》第十章“保温、隔热、防腐工程”相应规定执行。

5. 天棚保温隔热层工程量按设计图示尺寸以面积计算，扣除面积 $> 0.3m^2$ 柱、垛、孔洞所占面积，与天棚相连的梁按展开面积计算，其工程量并入天棚内。

6. 柱、梁保温隔热层工程量按设计图示尺寸以面积计算。柱按设计图示柱断面保温层中心线展开长度乘高度以面积计算，扣除面积 $> 0.3m^2$ 梁所占面积。梁按设计图示梁断面保温层中心线展开长度乘保温层长度以面积计算。

7. 楼地面保温隔热层工程量按设计图示尺寸以面积计算，扣除柱、垛及单个 $> 0.3m^2$ 孔洞所占面积。

8. 大于 $0.3m^2$ 孔洞侧壁周围及梁头、连系梁等其他零星工程保温隔热工程量，并入墙面的保温隔热工程量内。柱帽保温隔热层，并入天棚保温隔热层工程量内。

9. 保温层排气管按设计图示尺寸以长度计算，不扣除管件所占长度，保温层排气孔以数量计算。

10. 混凝土保温一体板按模板与混凝土构件接触面的设计图示尺寸以面积计算。

11. 屋面预制混凝土架空隔热板、屋面预制纤维板水泥架空板凳按设计图示尺寸以面积计算。

12. 反射隔热涂料按设计图示尺寸以面积计算。

二、高效冷热源设备：

1. 溴化锂吸收式制冷机按设计图示数量以“台”为单位计算，按同一底座上的主机、电动机、附属设备及底座的总重量计算机组重量选用项目。

2. 多联式空调室外机按设计图示数量以“台”为单位计算。

3. 多联式空调室内机按设计图示数量以“台”为单位计算。

4. 电机驱动的蒸汽压缩循环冷水（热泵）机组按设计图示数量以“台”为单位计算，按安装方式、设备重量选用项目。其中设备重量按同一底座上的主机、电动机、附属设备及底座的总重量计算。

5. 变风量空调处理机及末端装置按设计图示数量，分别以“台”为单位计算。

6. 辐射供暖供冷装置中一体化预制辐射供暖（冷）板、预制沟槽保温板、毛细管席、泡沫塑料隔热板、铝箔均热层、钢丝网等安装按设计图示尺寸，以“m^2”为单位计算。边界保温带按设计图示长度以“m”为单位计算；辐射供暖（供冷）管道区分管道外径，按设计图示长度以“m”为单位计算：加热电缆敷设按设计图示长度，以“m”为单位计算。分户升量装置安装按设计图示数量，以“套”为单位计算。

7. 热媒集配装置安装区分带箱、不带箱，按分支管环路数以“组”为单位计算。

三、节能照明与电气：

1. 智能家居控制箱按设计图示数量，以“个”为单位计算。

2. 各类开关、灯具按设计图示数量，以“套”为单位计算。

3. LED 软灯带按设计图示尺寸，以“m”为单位计算。

4. 节能变压器和低压无功自动补偿装置按设计图示数量，以“台”为单位计算。

四、能量综合利用：

1. 能量回收新风换气机按设计图示数量以“台”为单位计算。分段组装式能量回收新风换气机按设计图示重量，以“kg”为单位计算。

2. 双工况制冷机组安装按设计图示数量，以“台”为单位计算。

3. 整体式蓄冰设备（槽、罐）安装按设计图示数量以“台”为单位计算。

4. 水蓄冷蓄热罐制作安装按设计图示尺寸计算金属重量（不扣除罐体上所有开孔所占面积），以“t”为单位计算，按储罐容量选用项目。罐本体金属重量包括罐底板、罐壁板、罐顶板、包边角钢、加强圈、抗风圈以及罐体上垫板、补强板等总重量。

5. 乙二醇泵按设计图示数量，以“台”为单位计算。

6. 热交换器按设计图示数量，以“台”为单位计算。

7. 整装式蓄冰盘管按设备重量，以“组”为单位计算。

8. 太阳能光伏发电。

（1）太阳能电池板钢架安装根据安装的位置，按实际安装太阳能电池板和预留安装太阳能电池板面积之和计算工程量，不计算设备支架、不同高度与不同斜面太阳能电池板支撑架的面积，设备支架按照重量计算，执行《陕西省通用安装工程消耗量定额（2025）》第四册《电气设备与线缆安装工程》第七章“金属构件、穿墙套板安装工程”相关项目。

（2）太阳能光伏板电池按每组电池的最大输出功率划分，以“组”为单位计算。

太阳能光伏逆变器安装根据设备额定交流输出功率，按设计图示安装数量以“台”为单位计算。功率大于 1000kW 光伏逆变器根据组合安装方式，分解成若干台设备计算工程量。

太阳能控制器根据额定系统电压，按照设计图示数量以“台”为单位计算，环境测量装置、数据采集仪按照设计图示数量以“台”为单位计算。

9. 太阳能路灯按设计图示数量，以“套”为单位计算。

10. 太阳能集热装置。

（1）集热板安装按设计图示尺寸，以集热板面积“m^2”为单位计算。

（2）集中式太阳能热水系统调试工程量按太阳能的加热水箱容量以“系统”为单位计算。

11. 地（水、气）源热泵。

（1）地源热泵安装按设备重量，以“组”为单位计算。

（2）地源热泵系统垂直地埋管成孔及回填按设计图示尺寸，以有效成孔深度“m”为单位计算。

（3）地埋塑料管热熔安装按设计图示尺寸，以“m”为单位计算。

（4）PE 集（分）水器按设计图示数量，以“个”为单位计算。

五、补充项目：

1. 智能控制器按设计图示数量，以“台”为单位计算。

2. 充电桩按设计图示数量，以“台”为单位计算。

一、建筑与外围结构

1. 节 能 门 窗

(1) 铝合金门节能门窗

工作内容：开箱、解捆、定位、划线、吊正、找平、安装、框周边塞缝等。　　**计量单位：**100m²

编号				2-1	2-2	2-3	2-4	2-5
项目				隔热断桥铝合金门安装		隔热断桥铝合金普通窗安装		
				推拉	平开	固定	推拉	平开
名称			单位	消耗量				
人工	000202000	综合二类工	工日	29.535	33.120	16.801	18.036	22.482
材料	110903009	铝合金推拉门	m²	96.980	—	—	—	—
	110903008	铝合金平开门	m²	—	96.040	—	—	—
	110901002	铝合金固定窗	m²	—	—	92.540	—	—
	110903007	铝合金推拉窗	m²	—	—	—	95.430	—
	110903005	铝合金平开窗	m²	—	—	—	—	94.590
	030355012	门窗固定连接铁件（地脚）3×30×300	个	445.913	575.453	552.642	552.642	714.555
	133503007	硅酮耐候密封胶	kg	66.706	86.029	150.896	98.717	102.242
	133503011	聚氨酯发泡密封胶 750mL/支	支	99.840	123.084	222.976	142.719	151.372
	030107056	塑料膨胀螺栓	套	445.913	575.453	558.113	558.113	721.630
	341103001	电	kW·h	7.000	7.000	7.000	7.000	7.000
	850103006	其他材料费（占材料费）	%	1.000	1.000	1.000	1.000	1.000

(2) 塑料节能门窗

工作内容：开箱、解捆、定位、划线、吊正、找平、安装、框周边塞缝等。　　**计量单位：**100m²

编号				2-6	2-7	2-8	2-9	2-10
项目				塑料保温成品门安装		塑料保温成品窗安装		
				推拉	平开	固定	推拉	平开
名称			单位	消耗量				
人工	000202000	综合二类工	工日	20.543	24.844	13.854	14.872	18.450
材料	111301005	塑料保温推拉门（含中空玻璃）	m²	96.980	—	—	—	—
	111301003	塑料保温平开门（含中空玻璃）	m²	—	96.040	—	—	—
	111301001	塑料保温固定窗（含中空玻璃）	m²	—	—	91.670	—	—
	111301004	塑料保温推拉窗（含中空玻璃）	m²	—	—	—	94.530	—
	111301002	塑料保温平开窗（含中空玻璃）	m²	—	—	—	—	94.590
	030355012	门窗固定连接铁件（地脚）3×30×300	个	445.913	575.453	580.124	580.124	714.555
	133503011	聚氨酯发泡密封胶 750mL/支	支	116.262	143.322	222.976	142.719	151.372

续前

编号				2-6	2-7	2-8	2-9	2-10
项目				塑料保温成品门安装		塑料保温成品窗安装		
				推拉	平开	固定	推拉	平开
名称			单位	消耗量				
材料	133503007	硅酮耐候密封胶	kg	66.706	86.029	150.896	98.717	102.242
	030107056	塑料膨胀螺栓	套	445.913	575.453	585.868	585.868	721.630
	341103001	电	kW·h	7.000	7.000	7.000	7.000	7.000
	850103006	其他材料费（占材料费）	%	1.000	1.000	1.000	1.000	1.000

2. 节能保温

（1）屋面保温

工作内容：清理基层，调制砂浆，铺设加气混凝土砌块。　　　　**计量单位：**100m^2

编号				2-11	2-12	2-13	2-14
项目				加气混凝土块			
				干铺		浆砌	
				厚度（mm）			
				180	每增减 10	180	每增减 10
名称			单位	消耗量			
人工	000202000	综合二类工	工日	4.903	0.246	6.961	0.348
材料	041505001	加气混凝土砌块 600×240×180	m^3	18.900	1.050	17.810	1.050
	800100006	水泥砂浆 1∶3	m^3	—	—	21.400	0.119
	341101001	水	m^3	—	—	1.700	0.095

工作内容：清理基层，铺设保温层。　　　　**计量单位：**100m^2

编号				2-15	2-16	2-17	2-18
项目				水泥蛭石块		干铺珍珠岩	
				厚度（mm）			
				100	每增减 10	100	每增减 10
名称			单位	消耗量			
人工	000202000	综合二类工	工日	5.205	0.468	2.961	0.266
材料	041113002	水泥蛭石块	m^3	10.400	1.040	—	—
	091700001	珍珠岩	m^3	—	—	12.480	1.040

工作内容：清理基层，调制保温混合料、铺填及养护。　　　　**计量单位：**100m^2

编号				2-19	2-20	2-21	2-22
项目				水泥炉渣		水泥珍珠岩	
				厚度（mm）			
				100	每增减 10	100	每增减 10
名称			单位	消耗量			
人工	000202000	综合二类工	工日	7.013	0.631	7.383	0.665
材料	040707004	水泥炉渣 1∶6	m^3	10.200	1.020	—	—
	802307003	水泥珍珠岩 1∶8	m^3	—	—	10.400	1.040
	341101001	水	m^3	—	—	7.000	0.700

工作内容：清理基层，铺设保温块料或棉毡。　　计量单位：100m²

编　号				2-23	2-24	2-25	2-26
项　目				沥青玻璃棉毡		沥青珍珠岩板（块）	
				厚度（mm）			
				30	每增减 5	80	每增减 10
		名　称	单位	消　耗　量			
人工	000202000	综合二类工	工日	1.253	0.376	7.298	0.821
材料	150707003	沥青玻璃棉毡	m³	3.190	0.531	—	—
	150901001	沥青珍珠岩板	m³	—	—	8.320	1.040

工作内容：清理基层，铺设保温块料。　　计量单位：100m²

编　号				2-27	2-28	2-29	2-30	2-31	2-32
项　目				干铺岩棉板					
				厚度（mm）					
				≤30	≤50	≤60	≤80	≤100	≤120
		名　称	单位	消　耗　量					
人工	000202000	综合二类工	工日	2.012	2.378	2.848	3.422	4.512	5.405
材料	150301003	岩棉板 δ30	m³	3.060	—	—	—	—	—
	150301004	岩棉板 δ50	m³	—	5.100	—	—	—	—
	150301005	岩棉板 δ60	m³	—	—	6.120	—	—	—
	150301006	岩棉板 δ80	m³	—	—	—	8.160	—	—
	150301007	岩棉板 δ100	m³	—	—	—	—	10.200	—
	150301008	岩棉板 δ120	m³	—	—	—	—	—	12.240

工作内容：基层清理，粘贴保温层。　　计量单位：100m²

编　号				2-33	2-34	2-35	2-36	2-37	2-38
项　目				粘贴岩棉板					
				厚度（mm）					
				≤30	≤50	≤60	≤80	≤100	≤120
		名　称	单位	消　耗　量					
人工	000202000	综合二类工	工日	3.080	4.760	5.600	7.280	8.960	10.640
材料	150301003	岩棉板 δ30	m³	3.060	—	—	—	—	—
	150301004	岩棉板 δ50	m³	—	5.100	—	—	—	—
	150301005	岩棉板 δ60	m³	—	—	6.120	—	—	—
	150301006	岩棉板 δ80	m³	—	—	—	8.160	—	—
	150301007	岩棉板 δ100	m³	—	—	—	—	10.200	—
	150301008	岩棉板 δ120	m³	—	—	—	—	—	12.240
	800909002	聚合物粘接砂浆	kg	460.000	460.000	460.000	460.000	460.000	460.000
	850103006	其他材料费（占材料费）	%	0.450	0.750	0.900	1.200	1.500	1.800

工作内容：清理基层，喷发保温层。　　计量单位：100m²

编　号				2-39	2-40
项　目				硬泡聚氨酯现场喷发	
				厚度（mm）	
				50	每增减 5
		名　称	单位	消　耗　量	
人工	000202000	综合二类工	工日	9.280	0.400

续前

编号				2-39	2-40
项目				硬泡聚氨酯现场喷发	
				厚度（mm）	
				50	每增减 5
名称			单位	消耗量	
材料	151313002	硬泡聚氨酯组合料	kg	312.600	31.260
	130111028	聚氨酯防潮底漆	kg	11.300	—
	850103006	其他材料费（占材料费）	%	2.000	2.000

工作内容：清理基层，粘贴、铺设保温板。　　**计量单位：**100m²

编号				2-41	2-42
项目				干铺聚苯乙烯板	粘贴聚苯乙烯板
				厚度（mm）	
				50	40
名称			单位	消耗量	
人工	000202000	综合二类工	工日	2.435	5.100
材料	151301001	聚苯乙烯板	m³	5.100	4.080
	143541001	界面剂	kg	—	16.000
	800909002	聚合物粘接砂浆	kg	—	460.000
	341101001	水	m³	—	0.530

工作内容：清理基层，保温板裁割，粘贴保温层。　　**计量单位：**100m²

编号				2-43	2-44
项目				泡沫玻璃	
				厚度（mm）	
				30	每增减 10
名称			单位	消耗量	
人工	000202000	综合二类工	工日	7.420	1.966
材料	151501001	泡沫玻璃	m³	3.060	1.020
	800909002	聚合物粘接砂浆	kg	460.000	—
	341101001	水	m³	2.550	—
	850103006	其他材料费（占材料费）	%	1.000	1.000

工作内容：基层清理，修补屋面，砂浆调制、运输，找坡抹平。　　**计量单位：**100m²

编号				2-45	2-46
项目				无机轻集料保温砂浆	
				厚度（mm）	
				30	每增减 5
名称			单位	消耗量	
人工	000202000	综合二类工	工日	14.331	1.898
材料	800803001	膨胀玻化微珠保温浆料	m³	3.366	0.561
	341101001	水	m³	0.930	—
	850103006	其他材料费（占材料费）	%	1.000	1.000
机械	990610010	灰浆搅拌机 200L	台班	0.420	0.070

工作内容：保温层排气管、排气孔制作、安装。 **计量单位：**见表

编号				2-47	2-48	2-49
项目				保温层排气管安装	保温层排气孔安装	
					PVC 管	钢管
单位				100m	10 个	
	名称		单位	消耗量		
人工	000202000	综合二类工	工日	5.300	0.954	0.954
材料	173117005	塑料排水管 *DN*50	m	101.500	4.200	—
	180901005	塑料排水三通 *DN*50	个	20.000	—	—
	180905006	塑料排水弯头 *DN*50	个	10.000	20.000	—
	181611003	塑料排水外接 *DN*50	个	10.000	—	—
	133503010	聚氯乙烯热熔密封胶	kg	1.000	0.050	—
	802101003	混凝土 C20	m^3	—	0.006	0.006
	170301009	镀锌钢管 *DN*40	m	—	—	4.600
	850103006	其他材料费（占材料费）	%	—	2.000	2.000
机械	990759010	液压弯管机 60mm	台班	—	—	0.030

（2）墙面保温

工作内容：清理基层，修补墙面，砂浆调制、运输，抹平。 **计量单位：**$100m^2$

编号				2-50	2-51
项目				无机轻集料保温砂浆	
				厚度（mm）	
				25	每增减 5
	名称		单位	消耗量	
人工	000202000	综合二类工	工日	16.112	2.650
材料	800803001	膨胀玻化微珠保温浆料	m^3	2.888	0.578
	341101001	水	m^3	3.300	—
	850103006	其他材料费（占材料费）	%	1.000	1.000
机械	990610010	灰浆搅拌机 200L	台班	0.400	0.080

工作内容：基层清理，抹保温砂浆，喷发保温层。 **计量单位：**$100m^2$

编号				2-52	2-53
项目				硬泡聚氨酯现场喷发	
				厚度（mm）	
				50	每增减 5
	名称		单位	消耗量	
人工	000202000	综合二类工	工日	9.800	1.000
材料	151313002	硬泡聚氨酯组合料	kg	312.600	31.260
	130111028	聚氨酯防潮底漆	kg	11.300	—
	800801003	界面砂浆 DB	m^3	0.110	—
	850103006	其他材料费（占材料费）	%	2.000	2.000

工作内容：玻璃棉装袋、填装。　　**计量单位**：100m²

编号				2-54	2-55
项目				沥青玻璃棉	
				厚度（mm）	
				100	每增减 10
名称			单位	消耗量	
人工	000202000	综合二类工	工日	12.850	1.157
材料	150701001	沥青玻璃棉	m³	10.400	1.040
	020901002	塑料薄膜	kg	61.953	—

工作内容：清理基层、刷界面剂，粘贴保温层。　　**计量单位**：100m²

编号				2-56
项目				聚苯乙烯板
				厚度（mm）
				50
名称			单位	消耗量
人工	000202000	综合二类工	工日	16.159
材料	151301001	聚苯乙烯板	m³	5.100
	030107056	塑料膨胀螺栓	套	600.000
	143541001	界面剂	kg	80.000
	800909002	聚合物粘接砂浆	kg	460.000
	850103006	其他材料费（占材料费）	%	1.000

工作内容：清理基层，修补墙面，保温板裁割，粘贴保温层。　　**计量单位**：100m²

编号				2-57	2-58
项目				泡沫玻璃	
				厚度（mm）	
				30	每增减 10
名称			单位	消耗量	
人工	000202000	综合二类工	工日	11.050	3.681
材料	151501001	泡沫玻璃	m³	3.060	1.020
	800909002	聚合物粘接砂浆	kg	460.000	—
	030107056	塑料膨胀螺栓	套	700.000	—

工作内容：清理基层、钻孔锚钉、锡纸包裹、铺设保温块料、膨胀螺钉固定。　　**计量单位**：100m²

编号				2-59
项目				干挂岩棉板
				厚度（mm）
				50
名称			单位	消耗量
人工	000202000	综合二类工	工日	27.900
材料	150301004	岩棉板 δ50	m³	5.100
	030107056	塑料膨胀螺栓	套	800.000
	143541001	界面剂	kg	10.000
	016111001	锡纸	m²	156.000

工作内容：裁剪，铺设网格布，砂浆调制，运输，抹平。　　**计量单位：**100m²

编　号				2-60	2-61
项　目				抗裂保护层	
				耐碱网格布抗裂砂浆	增加一层网格布抗裂砂浆
				厚度（mm）	
				4	2
名　称			单位	消　耗　量	
人工	000202000	综合二类工	工日	9.221	3.892
材料	800909001	聚合物抗裂砂浆	kg	550.000	275.000
	092701006	耐碱玻璃纤维网格布	m²	117.000	112.700
	341101001	水	m³	4.000	0.060

工作内容：1. 裁剪，运输，砂浆调制，锚固钢丝网，抹平。
2. 单片保温模网安装、校正、固定。　　**计量单位：**100m²

编　号				2-62	2-63
项　目				热镀锌钢丝网抗裂砂浆	单片保温模网
				厚度（mm）	
				8	
名　称			单位	消　耗　量	
人工	000202000	综合二类工	工日	19.080	3.980
材料	800909001	聚合物抗裂砂浆	kg	1101.600	—
	031505014	钢丝网（综合）	m²	115.000	—
	030107056	塑料膨胀螺栓	套	612.000	—
	341101001	水	m³	4.080	—
	152319001	单片保温模网	m²	—	101.000
	031507031	镀锌铁丝 ϕ4.0	kg	—	19.720
	031507020	镀锌铁丝 ϕ0.7	kg	—	0.060
	330127004	钢支撑	kg	—	1.140

工作内容：基层清理、钻孔锚钉、粘贴保温板、铺网格布、刷界面剂、抹平等全部操作过程。　　**计量单位：**100m²

编　号				2-64
项　目				发泡水泥板
名　称			单位	消　耗　量
人工	000202000	综合二类工	工日	12.480
材料	092701006	耐碱玻璃纤维网格布	m²	124.000
	800801004	保温专用界面砂浆	m³	0.150
	152311001	发泡水泥板 δ20	m²	103.000
	030103072	塑料胀管带螺钉（保温专用）	套	1200.000
	800909002	聚合物粘接砂浆	kg	460.000
	850103006	其他材料费（占材料费）	%	1.000

工作内容： 基层处理，排版、分格、弹线，钻孔安装固定件，下料，粘贴保温层，嵌缝、勾缝，撕保护膜，清洁面板。

计量单位： $100m^2$

编号				2-65
项目				保温装饰一体板
				厚度（mm）
				50
名称			单位	消耗量
人工	000202000	综合二类工	工日	65.700
材料	151301012	聚苯乙烯塑料保温装饰一体化板	m^2	107.000
	800909002	聚合物粘接砂浆	kg	900.000
	292199001	固定件	套	900.000
	144135017	耐候型硅胶	kg	9.900
	850103006	其他材料费（占材料费）	%	2.000
机械	990793010	裁板机 1300mm	台班	0.800

工作内容： 清理基层，粘贴保温层。

计量单位： $100m^2$

编号				2-66	2-67
项目				水泥珍珠岩板	
				附墙粘贴	
				厚度（mm）	
				50	每增减 10
名称			单位	消耗量	
人工	000202000	综合二类工	工日	16.203	2.917
材料	150901002	水泥珍珠岩板	m^3	5.200	1.040
	800909002	聚合物粘接砂浆	kg	460.000	—
	030107056	塑料膨胀螺栓	套	600.000	—

工作内容： 清理基层，调、运铺砂浆，加气混凝土砌块运输、锯割、铺砌。

计量单位： $10m^3$

编号				2-68
项目				加气混凝土块
				附墙砌筑
				厚度（mm）
				150
名称			单位	消耗量
人工	000202000	综合二类工	工日	13.793
材料	041505006	蒸压砂加气混凝土块 B06 级	m^3	8.237
	800605004	干混砌筑砂浆 DM M10	m^3	2.830
	341101001	水	m^3	1.660
机械	990611010	干混砂浆罐式搅拌机	台班	0.283

工作内容：石膏板铺砌，贴玻璃丝布，刮腻子。　　**计量单位：**100m²

编号				2-69
项目				保温石膏板
				厚度（mm）
				50
名称			单位	消耗量
人工	000202000	综合二类工	工日	30.644
材料	090117002	保温石膏板 600×600×50	m^2	106.000
	150702009	玻璃丝布 δ0.2	m^2	149.500
	800909002	聚合物粘接砂浆	kg	460.000
	144115004	108 建筑胶	kg	55.130
	040905007	石膏粉	kg	10.700
	040909001	大白粉	kg	4.900
	040927003	羧甲基纤维素	kg	0.700
	144105002	聚醋酸乙烯乳液	kg	0.850
	341101001	水	m^3	0.300
	092705002	纱布	张	15.000

工作内容：切割保温板，定位、挂保温板。　　**计量单位：**100m²

编号				2-70	2-71
项目				外墙保温一体板	
				外墙面	柱梁外侧面
				厚度（mm）	
				40	
名称			单位	消耗量	
人工	000202000	综合二类工	工日	10.000	12.000
材料	092507001	玻化微珠保温夹芯板	m^2	105.000	110.000
	030907002	保温板一体化锚筋	个	700.000	800.000
	031541004	钢锯片 φ300	片	0.160	0.240
	850103006	其他材料费（占材料费）	%	1.000	1.000

注：外墙保温一体板随混凝土浇筑，置于模板内侧。

工作内容：基层清理，安放保温层。　　**计量单位：**100m²

编号				2-72	2-73	2-74	2-75
项目				随混凝土浇筑			
				挤塑聚苯板		膨胀聚苯板	
				厚度（mm）			
				50	每增减 10	50	每增减 10
名称			单位	消耗量			
人工	000202000	综合二类工	工日	8.000	1.600	7.300	1.400
材料	152317001	大模内置专用挤塑聚苯板	m^3	5.500	1.100	—	—
	152317002	大模内置专用膨胀聚苯板	m^3	—	—	5.500	1.100
	850103006	其他材料费（占材料费）	%	2.000	2.000	2.000	2.000

工作内容：清理基层、调运腻子、抹平等。　　　　**计量单位：**100m²

编号				2-76	2-77
项目				厚层保温腻子	
				外墙	
				厚度（mm）	
				20	每增减 1
	名称		单位	消耗量	
人工	000202000	综合二类工	工日	13.500	0.500
材料	130101008	厚层保温腻子	kg	1401.600	70.100
	341101001	水	m³	0.840	0.040

（3）天棚保温

工作内容：搬运材料，木框架制作安装，粘贴保温层。　　　　**计量单位：**100m²

编号				2-78	2-79
项目				混凝土板下天棚保温（带龙骨）	天棚板面上铺放
				粘贴聚苯乙烯板	聚苯乙烯板
				厚度（mm）	
				50	
	名称		单位	消耗量	
人工	000202000	综合二类工	工日	23.478	2.740
材料	151301001	聚苯乙烯板	m³	4.784	5.100
	800909002	聚合物粘接砂浆	kg	421.818	—
	050401003	板枋材	m³	0.375	—
	031509001	铁件（综合）	kg	22.725	—
	130507001	防腐油	kg	5.665	—
	150113002	石棉粉	kg	22.583	—
	143303001	酒精	kg	221.453	—
	850103006	其他材料费（占材料费）	%	1.000	2.000

工作内容：刷界面剂，粘贴保温层。　　　　**计量单位：**100m²

编号				2-80
项目				混凝土板下天棚保温（不带龙骨）
				聚合物砂浆粘贴聚苯乙烯板
				厚度（mm）
				50
	名称		单位	消耗量
人工	000202000	综合二类工	工日	12.775
材料	143541001	界面剂	kg	8.000
	151301001	聚苯乙烯板	m³	5.100
	030107056	塑料膨胀螺栓	套	600.000
	800909002	聚合物粘接砂浆	kg	460.000
	341101001	水	m³	0.232
	850103006	其他材料费（占材料费）	%	2.000

工作内容：清理基层，喷发保温层。 **计量单位：**100m²

编号				2-81	2-82
项目				硬泡聚氨酯现场喷发	
				厚度（mm）	
				50	每增减 5
		名称	单位	消耗量	
人工	000202000	综合二类工	工日	13.700	0.500
材料	151313002	硬泡聚氨酯组合料	kg	312.600	31.260
	130111028	聚氨酯防潮底漆	kg	11.300	—
	850103006	其他材料费（占材料费）	%	2.000	2.000

工作内容：清理基层，刷粘接剂，粘贴保温层。 **计量单位：**100m²

编号				2-83	2-84	2-85
项目				超细无机纤维棉		粘贴岩棉板
				厚度（mm）		
				50	每增减 10	50
		名称	单位	消耗量		
人工	000202000	综合二类工	工日	15.100	1.100	15.100
材料	152307003	无机纤维棉	kg	1250.000	250.000	—
	144135024	粘接剂	kg	125.000	25.000	—
	143527002	无机纤维罩面剂	kg	49.800	—	—
	800801003	界面砂浆 DB	m³	0.110	—	—
	150301004	岩棉板 δ50	m³	—	—	5.100
	800909002	聚合物粘接砂浆	kg	—	—	460.000
	850103006	其他材料费（占材料费）	%	2.000	2.000	1.000

工作内容：基层清理，修补天棚，砂浆调制、运输，找坡抹灰。 **计量单位：**100m²

编号				2-86	2-87
项目				无机轻集料保温砂浆	
				厚度（mm）	
				20	每增减 5
		名称	单位	消耗量	
人工	000202000	综合二类工	工日	17.278	3.710
材料	800803001	膨胀玻化微珠保温浆料	m³	2.332	0.583
	341101001	水	m³	0.640	—
	850103006	其他材料费（占材料费）	%	1.000	1.000
机械	990610010	灰浆搅拌机 200L	台班	0.280	0.070

（4）楼地面及其他保温

工作内容：基层清理、混凝土浇捣及浇筑。 **计量单位：**100m²

编号				2-88
项目				轻集料混凝土
				厚度（mm）
				100
		名称	单位	消耗量
人工	000202000	综合二类工	工日	3.270
材料	802307001	轻集料混凝土（非泵送）	m³	10.100

工作内容：清理基层，铺、贴保温板。 **计量单位：**100m²

编号				2-89	2-90
项目				粘贴聚苯乙烯板	干铺聚苯乙烯板
				厚度（mm）	
				50	
		名称	单位	消耗量	
人工	000202000	综合二类工	工日	4.416	2.349
材料	151301001	聚苯乙烯板	m^3	5.100	5.100
	800909002	聚合物粘接砂浆	kg	554.325	—

（5）隔热工程

工作内容：基层清理、砌筑砖垫、安装混凝土预制板、勾缝。 **计量单位：**100m²

编号				2-91
项目				预制混凝土板架空隔热层
		名称	单位	消耗量
人工	000202000	综合二类工	工日	5.100
材料	042705006	预制钢筋混凝土屋面隔热板 C20 δ35	m^2	101.500
	800605002	干混砌筑砂浆 DM M5	m^3	0.500
	800607003	干混抹灰砂浆 DP M20	m^3	0.100
	041317002	页岩砖 240×115×53	千块	1.722
	850103006	其他材料费（占材料费）	%	1.000

工作内容：基层清理、安装预制纤维板水泥架空板板凳。 **计量单位：**100m²

编号				2-92
项目				预制纤维板水泥架空板凳隔热层
		名称	单位	消耗量
人工	000202000	综合二类工	工日	16.000
材料	334115001	预制纤维板水泥架空板板凳（成品） 498×498×200	个	404.000
	092515002	纤维水泥板 160×160×10	块	1616.000
	144100001	建筑胶	kg	12.875

工作内容：清理基层、贴遮蔽膜、配浆、喷浆、清理残留等。 **计量单位：**100m²

编号				2-93	2-94	2-95
项目				反射隔热涂料（覆盖）		
				外墙涂料面基层		
				光面	毛面	砂壁
		名称	单位	消耗量		
人工	000202000	综合二类工	工日	1.000	1.100	1.200
材料	020901001	塑料薄膜	m^2	37.800	37.800	37.800
	130503001	反射隔热涂料	kg	37.800	44.600	63.000
	850103006	其他材料费（占材料费）	%	1.000	1.000	1.000

二、高效冷热源设备

1. 溴化锂吸收式制冷机

工作内容：开箱检查设备、附件、吊装、就位、安装、找平、找正、固定、垫铁焊接、单机试运转。

计量单位：台

编号				2-96	2-97	2-98	2-99
项目				设备重量（t）			
				≤5	≤8	≤10	≤15
名称			单位	消耗量			
人工	000202000	综合二类工	工日	30.939	45.158	53.586	77.951
材料	031509007	平垫铁（综合）	kg	25.700	29.570	36.300	45.280
	031509012	斜垫铁 Q195～Q235 1#	kg	22.310	27.460	31.920	39.040
	031507018	镀锌铁丝 ϕ2.8～4.0	kg	2.200	2.200	2.200	2.200
	031501009	圆钉 ϕ5 以内	kg	0.050	0.050	0.050	0.100
	031301008	低碳钢焊条 J422（综合）	kg	0.650	0.813	1.016	1.270
	031301023	碳钢气焊条（综合）	kg	0.200	0.200	0.200	0.200
	050301004	木板（综合）	m^3	0.013	0.017	0.032	0.044
	050105001	道木（综合）	m^3	0.041	0.062	0.062	0.077
	140301001	汽油 89#	kg	12.240	15.000	18.360	20.400
	140307001	煤油	kg	13.740	17.000	20.360	22.400
	140303001	机油（综合）	kg	1.010	1.520	2.020	2.530
	140901003	黄油钙基脂	kg	0.270	0.270	0.270	0.270
	142909001	氧气	m^3	0.520	0.520	1.071	1.071
	142907002	乙炔气	kg	0.173	0.173	0.357	0.357
	130119001	白漆	kg	0.100	0.100	0.100	0.100
	020111009	石棉橡胶板 高压 δ1～6	kg	4.000	5.000	6.000	6.500
	133519002	橡胶盘根 低压	kg	0.500	0.600	0.700	0.800
	031102005	铁砂布 0～2#	张	3.000	4.000	4.000	4.000
	020905002	塑料布	kg	4.410	5.790	5.790	5.790
	010501001	钢丝绳 ϕ14.1～15	kg	—	—	—	1.250
	850103006	其他材料费（占材料费）	%	2.000	2.000	2.000	2.000
机械	990401035	载重汽车 10t	台班	0.200	0.300	0.300	0.400
	990304004	汽车式起重机 8t	台班	0.100	0.500	0.600	0.700
	990304016	汽车式起重机 16t	台班	0.200	0.500	0.700	—
	991003050	电动空气压缩机 $6m^3/min$	台班	0.500	0.700	0.900	1.100
	990901010	交流弧焊机 21kV·A	台班	0.200	0.300	0.400	0.500
	990304024	汽车式起重机 25t	台班	—	—	—	0.900

工作内容：开箱检查设备、附件、吊装、就位、安装、找平、找正、固定、垫铁焊接、单机试运转。

计量单位：台

编号				2-100	2-101	2-102
项目				设备重量（t）		
				≤20	≤25	≤30
名称			单位	消耗量		
人工	000202000	综合二类工	工日	91.654	107.984	119.467
材料	031509007	平垫铁（综合）	kg	50.920	60.370	83.000
	031509012	斜垫铁 Q195～Q235 1#	kg	44.920	56.760	75.600
	010501001	钢丝绳 ϕ14.1～15	kg	1.920	—	—
	031507018	镀锌铁丝 ϕ2.8～4.0	kg	2.200	2.200	2.200
	031501009	圆钉 ϕ5 以内	kg	0.100	0.150	0.150
	031301008	低碳钢焊条 J422（综合）	kg	1.588	1.985	2.481
	031301023	碳钢气焊条（综合）	kg	0.300	0.400	0.500
	050301004	木板（综合）	m^3	0.054	0.060	0.085
	050105001	道木（综合）	m^3	0.116	0.152	0.173
	140301001	汽油 89#	kg	22.440	25.500	28.560
	140307001	煤油	kg	25.440	28.500	31.560
	140303001	机油（综合）	kg	2.730	2.830	3.030
	140901003	黄油钙基脂	kg	0.300	0.300	0.300
	142909001	氧气	m^3	1.071	1.071	1.612
	142907002	乙炔气	kg	0.357	0.357	0.541
	130119001	白漆	kg	0.300	0.300	0.400
	020111009	石棉橡胶板 高压 δ1～6	kg	6.500	7.000	7.500
	133519002	橡胶盘根 低压	kg	1.000	1.200	1.400
	031102005	铁砂布 0～2#	张	5.000	5.000	5.000
	020905002	塑料布	kg	9.210	10.200	11.130
	010501002	钢丝绳 ϕ16～18.5	kg	—	2.080	2.080
	850103006	其他材料费（占材料费）	%	2.000	2.000	2.000
机械	990401035	载重汽车 10t	台班	0.500	0.800	1.000
	990304004	汽车式起重机 8t	台班	2.000	2.300	2.500
	990304028	汽车式起重机 30t	台班	1.000	1.600	—
	991003050	电动空气压缩机 $6m^3$/min	台班	2.500	2.500	2.500
	990901010	交流弧焊机 21kV·A	台班	2.300	2.970	3.100
	990304040	汽车式起重机 50t	台班	—	—	1.000

2. 多联式空调机组

（1）多联式空调室外机

工作内容：开箱、检查、就位、找正、找平、固定、单机试运转。

计量单位：台

编号				2-103	2-104	2-105	2-106	2-107
项目				制冷量（kW）				
				≤30	≤50	≤90	≤140	≤200
名称			单位	消耗量				
人工	000202000	综合二类工	工日	3.362	5.709	8.564	12.847	15.684

续前

编　　号				2-103	2-104	2-105	2-106	2-107
项　　目				制冷量（kW）				
				≤30	≤50	≤90	≤140	≤200
名　　称			单位	消　耗　量				
材料	030105155	镀锌六角螺栓带螺母 M16×85～100	套	10.200	12.240	18.360	24.480	30.600
	030113014	镀锌弹簧垫圈 M16	个	10.400	12.480	18.720	24.960	31.200
	030113018	镀锌垫圈 M16	个	20.800	24.960	37.440	49.920	62.400
	022701001	棉纱	kg	0.500	0.500	0.500	0.750	1.000
	140307001	煤油	kg	0.125	0.125	0.169	0.253	0.337
	850103006	其他材料费（占材料费）	%	1.000	1.000	1.000	1.000	1.000
机械	990501020	电动单筒快速卷扬机 10kN	台班	0.013	0.013	0.013	—	—
	990401020	载重汽车 5t	台班	0.009	0.009	0.009	0.013	0.016
	990304004	汽车式起重机 8t	台班	0.021	0.021	0.021	0.031	0.039
	990503020	电动单筒慢速卷扬机 30kN	台班	—	—	—	0.060	0.060

（2）多联式空调室内机

工作内容：开箱检查设备、附件、试压、底座螺栓、打膨胀螺栓、制作安装吊架、胀塞、上螺栓、安装、找平、找正、加垫、螺栓固定、单机试运转。　**计量单位：**台

编　　号				2-108	2-109	2-110	2-111
项　　目				落地式	吊顶式	壁挂式	嵌入式
名　　称			单位	消　耗　量			
人工	000202000	综合二类工	工日	0.619	1.670	0.903	1.840
材料	030107016	膨胀螺栓 M10	10套	0.416	0.416	—	0.416
	151311001	聚酯乙烯泡沫塑料	kg	0.100	0.100	0.100	0.100
	020901004	聚氯乙烯薄膜	kg	0.010	0.010	0.010	0.010
	140307001	煤油	kg	2.800	2.800	2.800	2.800
	022701001	棉纱	kg	0.050	0.050	—	0.050
	031519006	冲击钻头 ϕ10～20	个	0.010	0.010	0.010	0.010
	012101001	角钢 50×5 以内	kg	—	2.918	—	2.918
	012101003	角钢 63 以内	kg	—	0.592	—	—
	010901008	圆钢 ϕ10～14	kg	—	2.550	—	2.805
	030109002	镀锌六角螺母 M10	10个	—	1.272	—	1.272
	030113013	镀锌弹簧垫圈 M10	个	—	4.240	—	4.240
	030113017	镀锌垫圈 M10	个	—	8.480	—	8.480
	031101014	尼龙砂轮片 ϕ500×25×4	片	—	0.008	—	—
	021913001	塑料胀塞	个	—	—	4.160	—
	850103006	其他材料费（占材料费）	%	1.000	1.000	1.000	1.000
机械	990501010	电动单筒快速卷扬机 5kN	台班	0.040	0.040	0.040	0.040
	990401030	载重汽车 8t	台班	0.010	0.010	0.010	0.010
	990901010	交流弧焊机 21kV·A	台班	—	0.100	—	—
	990726010	台式钻床 16mm	台班	—	0.010	—	—

3. 电机驱动的蒸汽压缩循环冷水（热泵）机组

工作内容：开箱检查设备、附件、吊装、就位、安装、找平、找正、固定、垫铁焊接、单机试运转。

计量单位：台

编号				2-112	2-113	2-114	2-115
项目				设备重量（t）			
				≤0.5	≤1	≤2	≤3
名称			单位	消耗量			
人工	000202000	综合二类工	工日	8.357	12.070	18.014	23.228
材料	012900019	钢板 δ4.5～10	kg	2.000	2.000	2.000	3.000
	031301008	低碳钢焊条 J422（综合）	kg	0.150	0.200	0.200	0.200
	142909001	氧气	m^3	0.300	0.300	0.360	0.420
	142907002	乙炔气	kg	0.100	0.100	0.120	0.140
	031507018	镀锌铁丝 ϕ2.8～4.0	kg	0.300	0.300	0.300	0.300
	140307001	煤油	kg	2.800	2.800	2.800	2.800
	140303001	机油（综合）	kg	0.150	0.300	0.500	0.500
	140113002	黄油	kg	0.100	0.200	0.250	0.300
	030107015	膨胀螺栓 M10	套	0.416	0.416	0.416	0.416
	031519006	冲击钻头 ϕ10～20	个	0.010	0.010	0.010	0.010
	850103006	其他材料费（占材料费）	%	2.000	2.000	2.000	2.000
机械	990901010	交流弧焊机 21kV·A	台班	0.100	0.100	0.100	0.150
	990304004	汽车式起重机 8t	台班	0.050	0.050	0.070	0.110

工作内容：开箱检查设备、附件、吊装、就位、安装、找平、找正、固定、垫铁焊接、单机试运转。

计量单位：台

编号				2-116	2-117	2-118	2-119
项目				设备重量（t）			
				≤5	≤8	≤10	≤15
名称			单位	消耗量			
人工	000202000	综合二类工	工日	36.889	53.753	60.699	75.841
材料	012900019	钢板 δ4.5～10	kg	4.000	6.000	6.000	8.000
	031301008	低碳钢焊条 J422（综合）	kg	0.200	0.300	0.300	0.300
	142909001	氧气	m^3	0.600	0.750	0.900	1.200
	142907002	乙炔气	kg	0.200	0.250	0.300	0.400
	031507018	镀锌铁丝 ϕ2.8～4.0	kg	0.300	0.300	0.300	0.300
	140307001	煤油	kg	2.000	2.000	2.500	3.000
	140303001	机油（综合）	kg	0.700	0.800	1.000	1.200
	140113002	黄油	kg	0.350	0.400	0.500	0.600
	850103006	其他材料费（占材料费）	%	2.000	2.000	2.000	2.000
机械	990901010	交流弧焊机 21kV·A	台班	0.200	0.250	0.250	0.250
	990304004	汽车式起重机 8t	台班	0.180	—	—	—
	990304016	汽车式起重机 16t	台班	—	0.500	0.700	0.900

4. VAV 变风量空调机

（1）变风量空气处理机组（落地式）

工作内容：开箱、检查设备及附件、就位、连接、上螺栓、找正、找平、固定、外表污物清理，单机试运转。 **计量单位：**台

编号				2-120	2-121	2-122	2-123
项目				风量（m^3/h）			
				≤ 4000	≤ 10000	≤ 20000	≤ 30000
名称			单位	消耗量			
人工	000202000	综合二类工	工日	3.655	6.663	11.406	24.576
材料	022701001	棉纱	kg	0.210	0.410	0.730	1.190
	140307001	煤油	kg	0.420	0.810	1.460	2.390
	850103006	其他材料费（占材料费）	%	1.000	1.000	1.000	1.000
机械	990401020	载重汽车 5t	台班	0.146	0.146	0.292	0.292
	990304004	汽车式起重机 8t	台班	0.073	0.073	0.209	0.251
	990501020	电动单筒快速卷扬机 10kN	台班	0.098	0.196	0.196	0.183
	990503020	电动单筒慢速卷扬机 30kN	台班	—	—	—	0.060

工作内容：开箱、检查设备及附件、就位、连接、上螺栓、找正、找平、固定、外表污物清理，单机试运转。 **计量单位：**台

编号				2-124	2-125	2-126	2-127
项目				风量（m^3/h）			
				≤ 40000	≤ 60000	≤ 80000	≤ 100000
名称			单位	消耗量			
人工	000202000	综合二类工	工日	34.699	58.677	82.160	104.200
材料	022701001	棉纱	kg	1.600	2.420	4.210	5.160
	140307001	煤油	kg	3.200	4.830	8.420	10.330
	850103006	其他材料费（占材料费）	%	1.000	1.000	1.000	1.000
机械	990401020	载重汽车 5t	台班	0.292	0.375	0.375	0.375
	990304004	汽车式起重机 8t	台班	0.304	0.392	0.416	0.451
	990501020	电动单筒快速卷扬机 10kN	台班	0.170	0.170	0.170	0.157
	990503020	电动单筒慢速卷扬机 30kN	台班	0.120	0.300	0.300	0.060
	990503030	电动单筒慢速卷扬机 50kN	台班	—	—	—	0.300

（2）变风量末端装置

工作内容：开箱检查设备、附件、底座螺栓，安装、找平、找正、加垫、螺栓固定。 **计量单位：**台

编号				2-128	2-129
项目				单风道型	风机动力型
名称			单位	消耗量	
人工	000202000	综合二类工	工日	1.117	1.227

续前

编　号				2-128	2-129
项　目				单风道型	风机动力型
名　称			单位	消　耗　量	
材料	010900002	圆钢（综合）	kg	1.660	1.660
	011901004	槽钢 5～16#	kg	14.840	14.840
	030113004	垫圈 M2～8	10个	0.848	0.848
	030113010	弹簧垫圈 M2～10	10个	0.848	0.848
	030107016	膨胀螺栓 M10	10套	0.416	0.416
	030109029	六角螺母 M8	10个	0.848	0.848
	020101005	橡胶板 δ5～10	kg	0.290	0.290
	022701001	棉纱	kg	0.050	0.050
	850103006	其他材料费（占材料费）	%	2.000	2.000

5. 辐射供暖供冷装置

（1）一体化预制辐射供暖（冷）板

工作内容：基层清理、找平、就位安装、固定连接、试验。　　**计量单位：**m^2

编　号				2-130	2-131	2-132
项　目				地面安装	墙面安装	顶棚安装
名　称			单位	消　耗　量		
人工	000202000	综合二类工	工日	0.128	0.140	0.250
材料	340929001	供暖板	m^2	1.010	1.010	1.010
	181625003	辐射供暖供冷专用接头	个	2.500	2.500	2.500
	170001007	橡塑保温管 *DN*15	m	0.400	0.400	0.400
	850103006	其他材料费（占材料费）	%	2.000	2.000	2.000
机械	990813010	试压泵 3MPa	台班	0.005	0.005	0.005

（2）毛细管席

工作内容：施工准备、开箱检查、挂装就位、集管熔接、粘结固定、冲洗试压。　　**计量单位：**m^2

编　号				2-133
项　目				毛细管席
名　称			单位	消　耗　量
人工	000202000	综合二类工	工日	0.166
材料	053511002	毛细管席	m^2	1.010
	182518008	毛细管专用管卡	个	5.000
	144307003	万能胶	kg	0.250
	860113019	弹簧压力表 Y-1000～1.6MPa	块	0.001
	860113022	压力表表弯 *DN*15	个	0.001
	850103006	其他材料费（占材料费）	%	2.000
机械	990955020	热板焊机	台班	0.044
	990813005	试压泵 2.5MPa	台班	0.001

（3）预制沟槽保温板

工作内容：基层清理、找平、就位安装、固定。　　　　**计量单位：**m^2

编号				2-134	2-135
项目				地面安装	墙面安装
名称			单位	消耗量	
人工	000202000	综合二类工	工日	0.029	0.032
材料	151307001	预制沟槽保温板	m^2	1.030	1.030
	850103006	其他材料费（占材料费）	%	2.000	2.000

（4）泡沫塑料隔热板

工作内容：基层清理、下料切割、铺装、边缝填补。　　　　**计量单位：**m^2

编号				2-136	2-137	2-138
项目				泡沫塑料隔热板		
				厚度（mm）		
				20	30	40
名称			单位	消耗量		
人工	000202000	综合二类工	工日	0.021	0.023	0.027
材料	151311003	泡沫塑料隔热板	m^2	1.030	1.030	1.030
	020901001	塑料薄膜	m^2	0.109	0.109	0.109
	850103006	其他材料费（占材料费）	%	2.000	2.000	2.000

工作内容：基层清理、下料切割、铺装、边缝填补。　　　　**计量单位：**见表

编号				2-139	2-140	2-141
项目				铝箔均热层	边界保温带	钢丝网
单位				m^2	m	m^2
名称			单位	消耗量		
人工	000202000	综合二类工	工日	0.015	0.005	0.025
材料	021307003	聚苯乙烯条 10×180	m	—	1.050	—
	133501007	密封膏	kg	—	0.002	—
	031505014	钢丝网（综合）	m^2	—	—	1.030
	144135024	粘接剂	kg	0.150	—	—
	152306001	铝箔	m^2	1.030	—	—
	850103006	其他材料费（占材料费）	%	2.000	2.000	2.000

（5）辐射供暖供冷管

工作内容：划线定位、切管、调直、煨弯、管道固定、隐蔽充压、冲洗及水压试验。　　　　**计量单位：**m

编号				2-142	2-143	2-144	2-145
项目				塑料管			
				公称外径（mm）			
				≤10	≤16	≤20	≤25
名称			单位	消耗量			
人工	000202000	综合二类工	工日	0.018	0.019	0.019	0.020
材料	172515001	地板辐射采暖塑料管	m	1.020	1.020	1.020	1.020
	182911015	柔性塑料套管 $\phi10$	m	0.020	—	—	—

续前

编号				2-142	2-143	2-144	2-145
项目				塑料管			
				公称外径（mm）			
				≤10	≤16	≤20	≤25
名称			单位	消耗量			
材料	030127001	塑料卡钉 $\phi10$	个	2.625	—	—	—
	031541002	锯条（综合）	根	0.002	0.002	0.003	0.004
	341101001	水	m^3	0.001	0.001	0.001	0.001
	190003004	螺纹阀门 *DN*20	个	0.001	0.001	0.001	0.001
	170101003	焊接钢管 *DN*20	m	0.001	0.001	0.001	0.001
	172707010	橡胶软管 *DN*20	m	0.001	0.001	0.001	0.001
	860113019	弹簧压力表 Y-1000～1.6MPa	块	0.001	0.001	0.001	0.001
	860113022	压力表表弯 *DN*15	个	0.001	0.001	0.001	0.001
	182911016	柔性塑料套管 $\phi20$	m	—	0.020	—	—
	030127002	塑料卡钉 $\phi16$	个	—	2.625	—	—
	182911017	柔性塑料套管 $\phi25$	m	—	—	0.020	—
	030127003	塑料卡钉 $\phi20$	个	—	—	2.625	—
	182911018	柔性塑料套管 $\phi32$	m	—	—	—	0.020
	030127004	塑料卡钉 $\phi25$	个	—	—	—	2.525
	850103006	其他材料费（占材料费）	%	2.000	2.000	2.000	2.000
机械	990813010	试压泵 3MPa	台班	0.001	0.001	0.001	0.001
	990900010	电焊机（综合）	台班	0.001	0.001	0.001	0.001
	990801020	电动单级离心清水泵 100mm	台班	0.001	0.001	0.001	0.001

工作内容：划线定位、调直、切管、机械弯管、管道及管件连接、水压试验及水冲洗。　　**计量单位：**m

编号				2-146	2-147	2-148
项目				铝塑复合管		
				公称外径（mm）		
				≤16	≤20	≤25
名称			单位	消耗量		
人工	000202000	综合二类工	工日	0.033	0.037	0.041
材料	172803001	铝塑复合管	m	1.016	1.016	1.016
	031541002	锯条（综合）	根	0.011	0.013	0.016
	031102004	铁砂布（综合）	张	0.004	0.005	0.007
	341103001	电	kW·h	0.120	0.125	0.129
	341101001	水	m^3	0.001	0.001	0.001
	190003004	螺纹阀门 *DN*20	个	0.001	0.001	0.001
	170101003	焊接钢管 *DN*20	m	0.001	0.001	0.001
	172707010	橡胶软管 *DN*20	m	0.001	0.001	0.001
	860113019	弹簧压力表 Y-1000～1.6MPa	块	0.001	0.001	0.001

续前

编　　号				2-146	2-147	2-148
项　　目				铝塑复合管		
				公称外径（mm）		
				≤ 16	≤ 20	≤ 25
名　　称			单位	消　耗　量		
材料	860113022	压力表表弯 *DN*15	个	0.001	0.001	0.001
	850103006	其他材料费（占材料费）	%	2.000	2.000	2.000
机械	990900010	电焊机（综合）	台班	0.001	0.001	0.001
	990813010	试压泵 3MPa	台班	0.001	0.001	0.001
	990801020	电动单级离心清水泵 100mm	台班	0.001	0.001	0.001

工作内容：调直、切管、坡口、焊接、管道及管件安装、水压试验及水冲洗。　　**计量单位：**m

编　　号				2-149	2-150	2-151	2-152
项　　目				铜管			
				公称外径（mm）			
				≤ 15	≤ 18	≤ 22	≤ 28
名　　称			单位	消　耗　量			
人工	000202000	综合二类工	工日	0.058	0.061	0.065	0.068
材料	171500001	铜管	m	1.016	1.016	1.016	1.016
	031541002	锯条（综合）	根	0.005	0.005	0.013	0.015
	031101009	尼龙砂轮片 ϕ100	片	0.002	0.002	0.002	0.002
	031101012	尼龙砂轮片 ϕ400	片	0.002	0.002	0.002	0.002
	031307002	铜焊粉	kg	0.002	0.003	0.004	0.005
	031303009	铜焊丝（综合）	kg	0.016	0.017	0.019	0.023
	031507018	镀锌铁丝 ϕ2.8～4.0	kg	0.004	0.004	0.005	0.007
	092705001	破布	kg	0.007	0.008	0.009	0.015
	142909001	氧气	m^3	0.040	0.046	0.054	0.068
	142907002	乙炔气	kg	0.016	0.017	0.019	0.024
	341101001	水	m^3	0.001	0.001	0.001	0.002
	190003004	螺纹阀门 *DN*20	个	0.001	0.001	0.001	0.001
	170101003	焊接钢管 *DN*20	m	0.001	0.001	0.001	0.001
	172707010	橡胶软管 *DN*20	m	0.001	0.001	0.001	0.001
	860113019	弹簧压力表 Y-100 0～1.6MPa	块	0.001	0.001	0.001	0.001
	860113022	压力表表弯 *DN*15	个	0.001	0.001	0.001	0.001
	850103006	其他材料费（占材料费）	%	2.000	2.000	2.000	2.000
机械	990900010	电焊机（综合）	台班	0.001	0.001	0.001	0.001
	990785030	砂轮切割机 ϕ400	台班	0.001	0.001	0.001	0.001
	990813010	试压泵 3MPa	台班	0.001	0.001	0.001	0.001
	990801020	电动单级离心清水泵 100mm	台班	0.001	0.001	0.001	0.001
	990758010	电动弯管机 50mm	台班	0.022	0.022	0.022	0.022

（6）加热电缆敷设

工作内容：基层清理、电缆检查、标称电阻及绝缘电阻测试、就位安装、与金属网固定、冷热线连接。

计量单位：m

编号				2-153
项目				加热电缆敷设
名称			单位	消耗量
人工	000202000	综合二类工	工日	0.013
材料	280008009	加热电缆	m	1.010
	850103006	其他材料费（占材料费）	%	2.000
机械	870622055	接地电阻测试仪	台班	0.002

（7）分户计量装置

工作内容：切管、套丝，制垫、加垫，成套热量表、阀门安装，紧螺栓，接地、配合调试、水压试验。

计量单位：套

编号				2-154	2-155	2-156	2-157	2-158
项目				整体式电磁热量表（螺纹法兰连接）				
				公称直径（mm）				
				≤15	≤20	≤25	≤32	≤40
名称			单位	消耗量				
人工	000202000	综合二类工	工日	0.455	0.491	0.495	0.735	0.902
材料	860116010	整体式电磁热量表（螺纹法兰连接）	套	1.000	1.000	1.000	1.000	1.000
	190507001	测温球阀	个	2.020	2.020	2.020	2.020	2.020
	200005001	螺纹法兰	片	2.000	2.000	2.000	2.000	2.000
	020111006	石棉橡胶板 低压 δ0.8～6	kg	0.008	0.010	0.012	0.015	0.018
	340203008	聚四氟乙烯生料带 宽 20	m	3.391	4.522	5.652	7.235	9.043
	031541002	锯条（综合）	根	0.379	0.384	0.396	0.418	0.446
	031101012	尼龙砂轮片 ϕ400	片	0.021	0.025	0.057	0.072	0.084
	140303001	机油（综合）	kg	0.033	0.043	0.052	0.067	0.084
	341101001	水	m^3	0.001	0.001	0.001	0.001	0.001
	142909001	氧气	m^3	0.111	0.120	0.126	0.135	0.144
	142907002	乙炔气	kg	0.037	0.040	0.042	0.045	0.048
	031301008	低碳钢焊条 J422（综合）	kg	0.115	0.139	0.158	0.208	0.237
	012903014	热轧中厚钢板 δ12～20	kg	0.064	0.077	0.093	0.128	0.148
	170201001	无缝钢管 $D22\times2$	m	0.009	0.009	0.009	0.009	0.009
	171915005	输水软管 ϕ25	m	0.018	0.018	0.018	0.018	0.018
	190003003	螺纹阀门 *DN*15	个	0.018	0.018	0.018	0.018	0.018
	030105046	六角螺栓（综合）	kg	0.099	0.108	0.108	0.216	0.225
	860113022	压力表表弯 *DN*15	个	0.018	0.018	0.018	0.018	0.018
	860113019	弹簧压力表 Y-100 0～1.6MPa	块	0.018	0.018	0.018	0.018	0.018
	850103006	其他材料费（占材料费）	%	2.000	2.000	2.000	2.000	2.000
机械	990785030	砂轮切割机 ϕ400	台班	0.005	0.007	0.018	0.024	0.026
	990748010	管子切断套丝机 159mm	台班	0.031	0.041	0.082	0.105	0.130
	990900010	电焊机（综合）	台班	0.021	0.025	0.028	0.035	0.042
	990813010	试压泵 3MPa	台班	0.018	0.018	0.018	0.018	0.018

工作内容：切管、制垫、加垫，成套热量表、阀门安装，紧螺栓，接地、配合调试、水压试验。

计量单位：套

编号				2-159	2-160	2-161	2-162
项目				整体式电磁热量表（法兰连接）			
				入口管道公称直径（mm）			
				≤50	≤65	≤80	≤100
名称			单位	消耗量			
人工	000202000	综合二类工	工日	1.357	1.616	1.908	2.271
材料	860116009	整体式电磁热量表（法兰连接）	套	1.000	1.000	1.000	1.000
	200001001	平焊法兰（综合）	片	2.000	2.000	2.000	2.000
	182919004	温度计套管	个	2.000	2.000	2.000	2.000
	350311001	测温束接	个	2.000	2.000	2.000	2.000
	020111006	石棉橡胶板 低压 δ0.8～6	kg	0.022	0.028	0.036	0.046
	030105115	六角螺栓带螺母、垫圈 M16×65～80	套	4.120	4.120	8.240	—
	142909001	氧气	m^3	0.168	0.196	0.223	0.312
	142907002	乙炔气	kg	0.054	0.065	0.081	0.121
	031301008	低碳钢焊条 J422（综合）	kg	0.358	0.767	1.345	1.986
	031101009	尼龙砂轮片 ϕ100	片	0.559	0.772	0.858	0.993
	031101012	尼龙砂轮片 ϕ400	片	0.248	0.252	0.282	0.341
	341101001	水	m^3	0.003	0.003	0.003	0.003
	140303001	机油（综合）	kg	0.120	0.126	0.131	0.143
	031541002	锯条（综合）	根	0.715	0.715	0.715	0.715
	341103001	电	kW·h	0.379	0.511	0.569	0.678
	012903014	热轧中厚钢板 δ12～20	kg	0.640	0.810	0.950	1.372
	170201001	无缝钢管 D22×2	m	0.032	0.032	0.032	0.038
	171915005	输水软管 ϕ25	m	0.064	0.064	0.064	0.076
	190003003	螺纹阀门 DN15	个	0.064	0.064	0.064	0.076
	030105046	六角螺栓（综合）	kg	0.800	0.832	0.864	0.928
	860113022	压力表表弯 DN15	个	0.064	0.064	0.064	0.076
	860113019	弹簧压力表 Y-100 0～1.6MPa	块	0.064	0.064	0.064	0.076
	030105116	六角螺栓带螺母、垫圈 M16×85～140	套	—	—	—	8.240
	850103006	其他材料费（占材料费）	%	2.000	2.000	2.000	2.000
机械	990785030	砂轮切割机 ϕ400	台班	0.042	0.058	0.064	0.076
	990900010	电焊机（综合）	台班	0.071	0.096	0.105	0.123
	990813010	试压泵 3MPa	台班	0.064	0.096	0.096	0.114

6. 热媒集配装置

（1）不带箱热媒集配装置

工作内容：外观检查，固定支架、分集水器安装，与分支管连接，水压试验。　　　　**计量单位：**组

编号				2-163	2-164	2-165	2-166
项目				分支管（环路）			
				≤2	≤4	≤6	≤8
名称			单位	消耗量			
人工	000202000	综合二类工	工日	0.228	0.352	0.434	0.532
材料	221901003	分集水器（不带箱）	组	1.000	1.000	1.000	1.000
	030107053	金属膨胀螺栓 M6	套	4.120	4.120	4.120	4.120
	031519008	冲击钻头 $\phi10$	个	0.048	0.048	0.048	0.048
	031541002	锯条（综合）	根	0.060	0.104	0.164	0.224
	031102005	铁砂布 0～2#	张	0.007	0.012	0.019	0.026
	341103001	电	kW·h	0.064	0.064	0.064	0.064
	341101001	水	m^3	0.002	0.003	0.004	0.005
	850103006	其他材料费（占材料费）	%	2.000	2.000	2.000	2.000

（2）带箱热媒集配装置

工作内容：外观检查，箱体、固定支架、分集水器安装，箱体周边缝隙填堵，与分支管连接，水压试验。　　　　**计量单位：**组

编号				2-167	2-168	2-169	2-170
项目				分支管（环路）			
				≤2	≤4	≤6	≤8
名称			单位	消耗量			
人工	000202000	综合二类工	工日	0.252	0.399	0.476	0.592
材料	221901001	分集水器（带箱）	组	1.000	1.000	1.000	1.000
	030107053	金属膨胀螺栓 M6	套	4.120	4.120	4.120	4.120
	800100004	水泥砂浆 1∶2.5	m^3	0.030	0.040	0.050	0.060
	031519008	冲击钻头 $\phi10$	个	0.048	0.048	0.048	0.048
	341103001	电	kW·h	0.064	0.064	0.064	0.064
	031541002	锯条（综合）	根	0.060	0.104	0.164	0.224
	031102005	铁砂布 0～2#	张	0.007	0.012	0.019	0.026
	341101001	水	m^3	0.002	0.003	0.004	0.005
	850103006	其他材料费（占材料费）	%	2.000	2.000	2.000	2.000

三、节能照明与电气

1. 节 能 照 明

工作内容：定位划线、开孔、安装盒体、连接处密封、做标记。　　　　**计量单位：**个

编号				2-171	2-172
项目				智能家居控制箱（半周长）	
				≤700	＞700
名称			单位	消耗量	
人工	000202000	综合二类工	工日	0.360	0.520

续前

编号				2-171	2-172
项目				智能家居控制箱（半周长）	
				≤ 700	> 700
名称			单位	消耗量	
材料	574509001	智能家居控制箱	个	1.000	1.000
	280301009	铜芯塑料绝缘电线 BV-16mm^2	m	3.060	3.060
	290901006	铜端子 16mm^2	个	2.020	2.020
	850103006	其他材料费（占材料费）	%	2.000	2.000

工作内容：测位、划线、打眼、埋螺栓、安装固定面板、接线、调校。 **计量单位：**套

编号				2-173
项目				智能控制面板
名称			单位	消耗量
人工	000202000	综合二类工	工日	0.081
材料	263113001	智能控制面板	个	1.000
	030105003	半圆头镀锌螺栓 M2～5×15～50	10 套	0.208
	280301004	铜芯塑料绝缘电线 BV-2.5mm^2	m	0.305
	850103006	其他材料费（占材料费）	%	2.000

工作内容：测位、划线、打眼、埋螺栓、装开关、接线、调校。 **计量单位：**套

编号				2-174	2-175	2-176
项目				红外感应开关	声控延时开关	按键延时开关
名称			单位	消耗量		
人工	000202000	综合二类工	工日	0.053	0.053	0.053
材料	260901001	红外感应开关	个	1.020	—	—
	030105003	半圆头镀锌螺栓 M2～5×15～50	10 套	0.208	0.208	0.208
	280301004	铜芯塑料绝缘电线 BV-2.5mm^2	m	0.305	0.305	0.305
	260913001	声控延时开关（红外线感应）	个	—	1.020	—
	260919001	按键延时开关	个	—	—	1.020
	850103006	其他材料费（占材料费）	%	2.000	2.000	2.000

工作内容：测定、划线、打眼、埋塑料膨胀管、灯具安装、接线、接焊包头、接地。 **计量单位：**套

编号				2-177	2-178	2-179
项目				LED 红外、声光感应吸顶灯（半圆球）		
				灯罩周长（mm）		
				≤ 800	≤ 1100	> 1100
名称			单位	消耗量		
人工	000202000	综合二类工	工日	0.138	0.138	0.138

续前

编号				2-177	2-178	2-179
项目				LED 红外、声光感应吸顶灯（半圆球）		
				灯罩周长（mm）		
				≤ 800	≤ 1100	＞ 1100
名称			单位	消耗量		
材料	250000001	成套灯具	套	1.010	1.010	1.010
	030103052	木螺钉 $d2\sim4\times6\sim65$	个	4.160	4.160	4.160
	172500029	塑料胀管 $\phi6\sim8$	个	4.400	4.400	4.400
	031519003	冲击钻头 $\phi6\sim8$	个	0.028	0.028	0.028
	280301004	铜芯塑料绝缘电线 BV-2.5mm^2	m	0.458	1.069	1.069
	290901010	铜接线端子 20A	个	1.015	1.015	1.015
	291101001	塑料接线柱 双线	个	—	—	1.030
	850103006	其他材料费（占材料费）	%	2.000	2.000	2.000

工作内容：测位、划线、打眼、埋塑料膨胀管、上塑料圆台（木台）、吊链、吊管加工、灯具组装、焊接包头等。 **计量单位：**套

编号				2-180
项目				LED 感应灯（一体化支架）
				吸顶式
名称			单位	消耗量
人工	000202000	综合二类工	工日	0.139
材料	250000001	成套灯具	套	1.010
	030103052	木螺钉 $d2\sim4\times6\sim65$	个	2.080
	172500029	塑料胀管 $\phi6\sim8$	个	2.200
	031519003	冲击钻头 $\phi6\sim8$	个	0.014
	280301004	铜芯塑料绝缘电线 BV-2.5mm^2	m	1.069
	290901010	铜接线端子 20A	个	1.015
	850103006	其他材料费（占材料费）	%	2.000

工作内容：开箱清点、测位划线、打眼、埋螺栓、灯具安装、接线、焊接包头。 **计量单位：**见表

编号				2-181	2-182
项目				LED 灯带	
				灯管式	软灯带
单位				套	m
名称			单位	消耗量	
人工	000202000	综合二类工	工日	0.800	0.062
材料	250000001	成套灯具	套	1.010	—
	280301004	铜芯塑料绝缘电线 BV-2.5mm^2	m	0.610	0.061
	250301001	LED 灯带	m	—	1.010
	021301001	尼龙扎带（综合）	根	—	3.090
	850103006	其他材料费（占材料费）	%	2.000	2.000

2. 节能变压器和无功补偿装置

工作内容： 开箱检查、本体就位、器身检查，套管、油枕及散热器清洗，油柱试验、风扇油泵电机检查接线、附件安装、垫铁制作与安装、补充注油及安装后整体密封试验、接地、补漆、单体调试。

计量单位： 台

编号				2-183	2-184	2-185
项目				非晶合金变压器		
				容量（kV·A）		
				≤250	≤500	≤1000
名称			单位	消耗量		
人工	000202000	综合二类工	工日	9.774	11.258	21.527
材料	031507017	镀锌铁丝 ϕ2.5～4.0	kg	1.000	1.000	1.000
	011303001	镀锌扁钢（综合）	kg	4.500	4.500	4.500
	020901006	聚乙烯薄膜 δ0.05	m^2	1.500	1.500	3.000
	022703003	白布	kg	0.450	0.450	0.540
	022701001	棉纱	kg	0.400	0.500	0.600
	031301007	低碳钢焊条（综合）	kg	0.300	0.300	0.300
	031102005	铁砂布 0～2#	张	0.250	0.500	0.500
	130113005	酚醛磁漆	kg	0.200	0.200	0.200
	130115006	酚醛调和漆	kg	1.000	1.200	1.800
	130505002	防锈漆 C53-1	kg	0.600	0.900	1.300
	140301003	汽油 92#	kg	0.300	0.400	0.600
	142123001	电力复合脂	kg	0.050	0.050	0.050
	272501002	青壳纸 δ0.1～1.0	kg	0.150	0.150	0.200
	311921002	滤油纸 300×300	张	20.000	30.000	50.000
	022702002	白纱布带 20mm×20m	卷	1.000	1.500	1.500
	203107002	钢垫板 δ1～2	kg	5.000	5.000	6.000
	142909001	氧气	m^3	—	—	0.800
	142907002	乙炔气	kg	—	—	0.340
	850103006	其他材料费（占材料费）	%	2.000	2.000	2.000
机械	990304004	汽车式起重机 8t	台班	0.561	0.598	0.542
	990401020	载重汽车 5t	台班	0.093	0.131	—
	990901010	交流弧焊机 21kV·A	台班	0.280	0.280	0.280
	991275010	滤油机 LX100	台班	0.701	0.701	0.935
	870613053	绝缘油试验仪	台班	0.336	0.336	0.336
	870622064	高压绝缘电阻测试仪	台班	0.308	0.308	0.748
	870622072	变压器直流电阻测试仪	台班	0.926	0.926	2.244
	870699092	YDQ 充气式试验变压器	台班	0.308	0.308	0.748
	870699096	高压试验变压器配套操作箱、调压器	台班	0.616	0.616	1.496
	870699156	自动介损测试仪	台班	0.308	0.308	0.748
	870699164	TPFRC 电容分压器交直流高压测量系统	台班	0.308	0.308	0.748
	873112024	直流高压发生器	台班	0.308	0.308	0.748
	990401030	载重汽车 8t	台班	—	—	0.150

工作内容：开箱检查、安装固定、接地。 **计量单位：**台

编号				2-186
项目				成套低压无功自动补偿装置安装
名称			单位	消耗量
人工	000202000	综合二类工	工日	1.505
材料	011303001	镀锌扁钢（综合）	kg	1.500
	031509007	平垫铁（综合）	kg	0.300
	031301007	低碳钢焊条（综合）	kg	0.150
	031303019	焊锡丝（综合）	kg	0.150
	021305001	自粘性塑料带 20mm×20m	卷	0.200
	172500003	塑料管（综合）	kg	0.300
	142123001	电力复合脂	kg	0.050
	022701001	棉纱	kg	0.100
	130505002	防锈漆 C53-1	kg	0.020
	130115006	酚醛调和漆	kg	0.050
	850103006	其他材料费（占材料费）	%	2.000
机械	990401015	载重汽车 4t	台班	0.055
	990304004	汽车式起重机 8t	台班	0.093
	990901010	交流弧焊机 21kV·A	台班	0.103

四、能量综合利用

1. 能量回收新风换气机

工作内容：开箱检查设备、附件、吊装、就位、找平、找正、加垫、螺栓固定，单机试运转。

计量单位：台

编号				2-187	2-188	2-189
项目				吊顶式		
				重量（t）		
				≤0.15	≤0.2	≤0.4
名称			单位	消耗量		
人工	000202000	综合二类工	工日	1.387	1.502	1.629
材料	022701003	棉纱头	kg	0.500	0.500	0.500
	850103006	其他材料费（占材料费）	%	1.000	1.000	1.000
机械	990503010	电动单筒慢速卷扬机 10kN	台班	0.009	0.009	0.009
	990304004	汽车式起重机 8t	台班	0.021	0.021	0.021
	990401020	载重汽车 5t	台班	0.013	0.013	0.013

工作内容：开箱检查设备、附件、底座螺栓、就位、安装、找平、找正、加垫、灌浆、螺栓固定，单机试运转。
计量单位：台

编　号				2-190	2-191	2-192	2-193
项　目				落地式			
				重量（t）			
				≤0.6	≤1	≤1.5	≤2
名　称			单位	消　耗　量			
人工	000202000	综合二类工	工日	7.970	10.128	12.868	16.459
材料	022701003	棉纱头	kg	0.500	0.500	0.500	0.500
	850103006	其他材料费（占材料费）	%	1.000	1.000	1.000	1.000
机械	990401020	载重汽车　5t	台班	0.013	0.013	0.016	0.019
	990304004	汽车式起重机　8t	台班	0.031	0.031	0.039	0.047
	990503010	电动单筒慢速卷扬机　10kN	台班	0.020	0.020	—	—
	990503020	电动单筒慢速卷扬机　30kN	台班	—	—	0.060	0.060

工作内容：开箱检查设备、附件、吊装、就位、找平、找正、加垫、螺栓固定，单机试运转。
计量单位：台

编　号				2-194	2-195	2-196	2-197
项　目				墙上式			
				重量（t）			
				≤0.1	≤0.15	≤0.2	≤0.4
名　称			单位	消　耗　量			
人工	000202000	综合二类工	工日	1.470	1.539	1.641	2.284
材料	022701003	棉纱头	kg	0.500	0.500	0.500	0.500
	850103006	其他材料费（占材料费）	%	1.000	1.000	1.000	1.000
机械	990401020	载重汽车　5t	台班	—	0.009	0.009	0.009
	990304004	汽车式起重机　8t	台班	—	0.021	0.021	0.021
	990503010	电动单筒慢速卷扬机　10kN	台班	—	0.013	0.013	0.013

工作内容：开箱检查设备、附件、底座螺栓、吊装、找平、找正、加垫、螺栓固定。　计量单位：kg

编　号				2-198
项　目				分段组装式能量回收新风换气机安装
名　称			单位	消　耗　量
人工	000202000	综合二类工	工日	0.020

2. 蓄冷（蓄热）设备

（1）双工况制冷机组

工作内容：开箱检查设备、附件、吊装、就位、安装、找平、找正、固定、垫铁焊接、单机试运转。
计量单位：台

编　号				2-199	2-200	2-201	2-202	2-203	2-204
项　目				双工况制冷机组					
				设备重量（t）					
				≤1	≤2	≤3	≤5	≤8	≤10
名　称			单位	消　耗　量					
人工	000202000	综合二类工	工日	12.650	19.845	23.800	36.929	53.893	63.210

续前

编号				2-199	2-200	2-201	2-202	2-203	2-204
项目				双工况制冷机组					
				设备重量（t）					
				≤1	≤2	≤3	≤5	≤8	≤10
名称			单位	消耗量					
材料	012900019	钢板 δ4.5～10	kg	2.000	2.000	3.000	4.000	6.000	6.000
	031301008	低碳钢焊条 J422（综合）	kg	0.200	0.200	0.200	0.250	0.300	0.300
	142909001	氧气	m^3	0.300	0.360	0.420	0.600	0.750	0.900
	142907002	乙炔气	kg	0.100	0.120	0.140	0.200	0.250	0.300
	031507018	镀锌铁丝 ϕ2.8～4.0	kg	0.300	0.300	0.300	0.300	0.300	0.300
	140307001	煤油	kg	1.000	1.500	1.500	2.000	2.000	2.500
	140303001	机油（综合）	kg	0.300	0.400	0.600	0.700	0.800	1.000
	140113002	黄油	kg	0.200	0.250	0.300	0.350	0.400	0.500
	850103006	其他材料费（占材料费）	%	2.000	2.000	2.000	2.000	2.000	2.000
机械	990304016	汽车式起重机 16t	台班	—	—	—	—	0.613	0.858
	990901010	交流弧焊机 21kV·A	台班	0.123	0.123	0.184	0.245	0.306	0.306
	990304004	汽车式起重机 8t	台班	0.061	0.086	0.135	0.221	—	—

（2）整体式蓄冰槽（罐）

工作内容：施工准备，基础处理、垫铁设置、吊装就位、安装找正、垫铁点焊、配合检查验收。

计量单位：台

编号				2-205	2-206	2-207	2-208
项目				整体式蓄冰槽（罐）			
				设备重量（t）			
				≤2	≤5	≤10	≤15
名称			单位	消耗量			
人工	000202000	综合二类工	工日	7.123	13.481	18.131	23.197
材料	031507007	镀锌铁丝（综合）	kg	1.000	1.000	2.000	3.000
	142907002	乙炔气	kg	0.110	0.157	0.523	0.797
	142909001	氧气	m^3	0.330	0.471	1.570	2.390
	031301009	低碳钢焊条 J427（综合）	kg	1.710	2.150	2.770	3.090
	031509007	平垫铁（综合）	kg	8.600	13.650	25.930	43.220
	031509010	斜垫铁（综合）	kg	13.020	21.000	39.900	66.500
	140113002	黄油	kg	0.180	0.250	0.300	0.400
	143121001	二硫化钼	kg	0.080	0.100	0.200	0.230
	050105001	道木（综合）	m^3	0.060	0.110	0.150	0.210
	031101010	尼龙砂轮片 ϕ150	片	0.400	0.500	1.000	1.130
	850103006	其他材料费（占材料费）	%	2.000	2.000	2.000	2.000
机械	990304016	汽车式起重机 16t	台班	0.466	0.680	0.335	—
	990401020	载重汽车 5t	台班	0.186	0.317	—	—
	990904030	直流弧焊机 20kV·A	台班	0.521	0.763	0.987	1.136
	990919040	电焊条烘干箱 80×80×100cm^3	台班	0.052	0.076	0.099	0.114
	990920010	电焊条恒温箱	台班	0.052	0.076	0.099	0.114
	990304024	汽车式起重机 25t	台班	—	—	0.428	0.345
	990401035	载重汽车 10t	台班	—	—	0.335	—
	990304036	汽车式起重机 40t	台班	—	—	—	0.606
	990401045	载重汽车 15t	台班	—	—	—	0.345

（3）水蓄冷蓄热罐制作安装

工作内容： 散板堆放、放样号料、切割、坡口、卷弧、煨制、吊装、组对焊接、打磨，试漏。　**计量单位：** t

编号				2-209	2-210	2-211	2-212	2-213	2-214
项目				水蓄冷蓄热罐					
				储罐容量（m^3）					
				≤1000	≤2000	≤3000	≤5000	≤10000	≤20000
名称			单位	消耗量					
人工	000202000	综合二类工	工日	9.669	8.076	7.141	6.153	5.254	4.324
材料	031301010	低碳钢焊条 J507（综合）	kg	—	—	—	—	6.443	5.277
	031301009	低碳钢焊条 J427（综合）	kg	15.620	16.856	16.755	16.625	12.051	11.536
	142909001	氧气	m^3	5.449	5.188	5.106	4.990	4.586	4.040
	142907002	乙炔气	kg	1.816	1.729	1.702	1.663	1.627	1.340
	031101010	尼龙砂轮片 $\phi150$	片	4.284	3.820	3.820	3.715	3.700	3.500
	050401001	木方	m^3	0.014	0.014	0.014	0.012	0.012	0.013
	140307001	煤油	kg	1.197	1.074	0.893	0.817	0.551	0.432
	143117001	白垩	kg	0.979	0.855	0.713	0.656	0.447	0.400
	022305004	碳精棒 $\phi8\sim12$	根	11.590	10.260	9.405	8.265	7.125	5.807
	031509007	平垫铁（综合）	kg	4.500	4.500	5.625	8.460	12.180	14.154
	031509010	斜垫铁（综合）	kg	4.464	4.464	5.580	7.500	28.427	33.033
	850103006	其他材料费（占材料费）	%	2.000	2.000	2.000	2.000	2.000	2.000
机械	990304024	汽车式起重机 25t	台班	—	—	—	—	—	0.048
	990904040	直流弧焊机 32kV·A	台班	3.894	3.608	3.363	2.654	2.499	2.304
	990919050	电焊条烘干箱 75×105×135cm^3	台班	0.389	0.361	0.337	0.265	0.250	0.231
	990920010	电焊条恒温箱	台班	0.389	0.361	0.337	0.265	0.250	0.231
	990744010	半自动切割机 100mm	台班	0.162	0.164	0.129	0.129	0.129	0.129
	990732035	剪板机 20×2500mm	台班	0.019	0.007	0.007	0.007	0.007	0.007
	990734025	卷板机 30×2000mm	台班	0.038	0.038	0.038	0.029	0.019	0.019
	990304016	汽车式起重机 16t	台班	0.647	0.578	0.538	0.396	0.345	0.276
	990401035	载重汽车 10t	台班	0.219	0.219	0.219	0.209	0.209	0.209
	990808010	真空泵 204m^3/h	台班	0.057	0.054	0.050	0.043	0.036	0.324
	991003050	电动空气压缩机 6m^3/min	台班	0.524	0.495	0.447	0.400	0.333	0.248
	991201020	轴流通风机 30kW	台班	0.409	0.381	0.352	0.305	0.286	0.190

（4）乙二醇泵

工作内容： 基础验收、开箱检查、设备及附件就位、本体安装、单机试运转。　**计量单位：** 台

编号				2-215	2-216	2-217	2-218
项目				乙二醇泵			
				设备重量（t）			
				≤0.2	≤0.5	≤1.0	≤3.0
名称			单位	消耗量			
人工	000202000	综合二类工	工日	4.389	6.105	9.924	19.200
材料	031509007	平垫铁（综合）	kg	4.500	4.500	5.625	8.460
	031509010	斜垫铁（综合）	kg	4.464	4.464	5.580	7.500

续前

编号				2-215	2-216	2-217	2-218
项目				乙二醇泵			
				设备重量（t）			
				≤0.2	≤0.5	≤1.0	≤3.0
名称			单位	消耗量			
材料	012901009	热轧薄钢板 δ1.6～1.9	kg	0.200	0.300	0.400	0.450
	050301004	木板（综合）	m^3	0.003	0.006	0.009	0.019
	140307001	煤油	kg	0.560	0.788	0.945	1.890
	140303001	机油（综合）	kg	0.410	0.606	0.859	1.364
	140901003	黄油钙基脂	kg	0.150	0.202	0.556	0.909
	142909001	氧气	m^3	0.133	0.204	0.204	0.408
	142907002	乙炔气	kg	0.045	0.068	0.068	0.136
	031102001	砂纸	张	2.000	2.000	4.000	5.000
	013503001	紫铜板（综合）	kg	0.050	0.060	0.150	0.200
	031505019	金属滤网	m^2	0.063	0.065	0.068	0.070
	150113004	石棉板衬垫	kg	0.125	0.130	0.135	0.140
	031301008	低碳钢焊条 J422（综合）	kg	0.100	0.126	0.189	0.357
	850103006	其他材料费（占材料费）	%	2.000	2.000	2.000	2.000
机械	990305020	叉式起重机 5t	台班	0.100	0.100	0.200	0.400
	990901010	交流弧焊机 21kV · A	台班	0.100	0.100	0.100	0.300

（5）换 热 器

工作内容：施工准备，基础处理、垫铁设置、吊装就位、安装找正、垫铁点焊、配合检查验收。

计量单位：台

编号				2-219	2-220	2-221	2-222	2-223
项目				换热器				
				设备重量（t）				
				≤0.5	≤1	≤2	≤5	≤10
名称			单位	消耗量				
人工	000202000	综合二类工	工日	2.470	4.115	6.860	13.260	20.936
材料	031507007	镀锌铁丝（综合）	kg	2.160	3.600	6.000	12.000	16.000
	142907002	乙炔气	kg	0.029	0.048	0.080	0.190	0.220
	142909001	氧气	m^3	0.086	0.144	0.240	0.570	0.660
	031301009	低碳钢焊条 J427（综合）	kg	0.310	0.516	0.860	1.650	2.500
	031509007	平垫铁（综合）	kg	4.385	7.308	12.180	14.154	24.283
	031509010	斜垫铁（综合）	kg	10.234	17.056	28.427	33.033	56.658
	140113002	黄油	kg	0.018	0.030	0.050	0.120	0.350
	143121001	二硫化钼	kg	0.115	0.192	0.320	0.570	1.000
	050105001	道木（综合）	m^3	0.032	0.054	0.090	0.120	0.180
	031101010	尼龙砂轮片 φ150	片	0.058	0.096	0.160	0.290	0.380
	850103006	其他材料费（占材料费）	%	2.000	2.000	2.000	2.000	2.000
机械	990401020	载重汽车 5t	台班	0.186	0.186	0.186	0.279	—
	990304004	汽车式起重机 8t	台班	0.280	0.466	—	—	—

续前

编　　号				2-219	2-220	2-221	2-222	2-223
项　　目				换热器				
				设备重量（t）				
				≤0.5	≤1	≤2	≤5	≤10
名　　称			单位	消　耗　量				
机械	990304016	汽车式起重机 16t	台班	—	—	0.466	0.596	0.335
	990304024	汽车式起重机 25t	台班	—	—	—	—	0.410
	990401030	载重汽车 8t	台班	—	—	—	—	0.335
	990904030	直流弧焊机 20kV · A	台班	0.475	0.475	0.475	0.875	1.341
	990919040	电焊条烘干箱 80×80×100cm³	台班	0.048	0.048	0.048	0.087	0.134
	990920010	电焊条恒温箱	台班	0.048	0.048	0.048	0.087	0.134

（6）蓄冰盘管

工作内容：施工准备，基础处理、垫铁设置、吊装就位、安装找正、垫铁点焊、配合检查验收。

计量单位：组

编　　号				2-224	2-225
项　　目				整装式蓄冰盘管	
				设备重量（t）	
				≤2	≤5
名　　称			单位	消　耗　量	
人工	000202000	综合二类工	工日	6.860	13.260
材料	031507007	镀锌铁丝（综合）	kg	6.000	12.000
	031301009	低碳钢焊条 J427（综合）	kg	0.860	1.650
	142907002	乙炔气	kg	0.080	0.190
	142909001	氧气	m³	0.240	0.570
	031509007	平垫铁（综合）	kg	12.180	14.154
	031509010	斜垫铁（综合）	kg	28.427	33.033
	140113002	黄油	kg	0.050	0.120
	143121001	二硫化钼	kg	0.320	0.570
	050105001	道木（综合）	m³	0.090	0.120
	031101010	尼龙砂轮片 ϕ150	片	0.160	0.290
	850103006	其他材料费（占材料费）	%	2.000	2.000
机械	990304016	汽车式起重机 16t	台班	0.466	0.596
	990401020	载重汽车 5t	台班	0.186	0.279
	990904030	直流弧焊机 20kV · A	台班	0.475	0.875
	990919040	电焊条烘干箱 80×80×100cm³	台班	0.048	0.087
	990920010	电焊条恒温箱	台班	0.048	0.087

3. 光 伏 发 电

（1）太阳能电池板钢架

工作内容：开箱检查、清洁搬运、起吊安装组件，调整方位和俯视角，测试，记录，钢架简易基础砌筑、钢架固定等。

计量单位：m^2

编 号				2-226	2-227	2-228
项 目				太阳能电池板钢架安装		
				在地面上	在墙面、屋面上	在支架、支柱上
名 称			单位	消 耗 量		
人工	000202000	综合二类工	工日	0.302	0.602	0.481
材料	022703003	白布	kg	0.030	0.030	0.040
	031301007	低碳钢焊条（综合）	kg	0.320	0.320	0.410
	031541003	钢锯条	条	0.210	0.210	0.180
	040100001	水泥（综合）	kg	0.505	0.505	—
	040300003	砂子	m^3	0.001	0.001	—
	041301002	标准砖 240×115×53	块	4.200	2.100	—
	130115001	调和漆	kg	0.060	0.050	0.060
	130505001	防锈漆	kg	0.090	0.080	0.090
	140509006	油漆溶剂油	kg	0.030	0.030	0.040
	341101001	水	m^3	0.001	0.001	—
	850103006	其他材料费（占材料费）	%	2.000	2.000	2.000
机械	990503020	电动单筒慢速卷扬机 30kN	台班	0.100	0.200	—
	990901010	交流弧焊机 21kV·A	台班	0.050	0.050	0.070
	990513020	汽车式高空作业车 21m	台班	—	—	0.105

注：钢架主材按实计算。

（2）太阳能电池板

工作内容：开箱检验、清洁搬运、起吊安装组件、调整方位和俯仰角、测试、记录，安装接线盒，组件与接线盒电路连接，子方阵与接线盒电路连接、太阳能电池与控制屏联测等。

计量单位：组

编 号				2-229	2-230	2-231	2-232
项 目				太阳能电池组装、安装			
				500Wp	1000Wp	1500Wp	1500Wp 以上每增加 500Wp
名 称			单位	消 耗 量			
人工	000202000	综合二类工	工日	3.009	3.912	4.965	1.505
材料	554104001	太阳能电池板	组	1.000	1.000	1.000	1.000
	022703003	白布	kg	0.200	0.400	0.600	0.200
	271799001	电气绝缘胶带 18mm×10m×0.13mm	卷	0.200	0.200	0.250	0.100
	280307008	铜芯橡皮绝缘电线 BX-2.5mm^2	m	0.220	0.300	0.400	0.200
	850103006	其他材料费（占材料费）	%	2.000	2.000	2.000	2.000
机械	990513020	汽车式高空作业车 21m	台班	0.040	0.040	0.050	0.030
	870613023	手持式万用表	台班	0.050	0.050	0.060	0.040
	870622064	高压绝缘电阻测试仪	台班	0.100	0.100	0.150	0.100

（3）太阳能电池与控制屏联测

工作内容： 开箱检验、清洁搬运、起吊安装组件、调整方位和俯仰角、测试、记录，安装接线盒，组件与接线盒电路连接，子方阵与接线盒电路连接、太阳能电池与控制屏联测等。

计量单位： 方阵组

编 号				2-233
项 目				太阳能电池与控制屏联测
名 称			单位	消 耗 量
人工	000202000	综合二类工	工日	1.505
材料	022703003	白布	kg	0.100
	280307008	铜芯橡皮绝缘电线 BX-2.5mm^2	m	0.500
	271799001	电气绝缘胶带 18mm × 10m × 0.13mm	卷	0.100
	850103006	其他材料费（占材料费）	%	2.000
机械	870622064	高压绝缘电阻测试仪	台班	0.500
	870613023	手持式万用表	台班	0.080
	990513020	汽车式高空作业车 21m	台班	0.050
	870699076	微机继电保护测试仪	台班	0.300
	870199011	笔记本电脑	台班	0.500

（4）光伏逆变器

工作内容： 开箱检查、清洁搬运，安装底座，设备安装，接地，单体调试等。

计量单位： 台

编 号				2-234	2-235	2-236	2-237	2-238
项 目				额定交流输出功率				
				功率 ≤ 10kW	功率 ≤ 100kW	功率 ≤ 250kW	功率 ≤ 500kW	功率 ≤ 1000kW
名 称			单位	消 耗 量				
人工	000202000	综合二类工	工日	3.820	5.548	9.778	12.218	21.104
材料	012300001	型钢（综合）	kg	24.700	28.600	34.100	42.900	74.100
	011303001	镀锌扁钢（综合）	kg	3.040	3.520	5.500	11.000	19.000
	022701001	棉纱	kg	0.095	0.110	0.330	0.440	0.760
	031301007	低碳钢焊条（综合）	kg	0.285	0.330	1.430	2.200	3.800
	031541003	钢锯条	条	0.950	1.100	2.200	2.200	3.800
	031305003	焊锡膏	kg	0.019	0.044	0.088	0.110	0.190
	031303019	焊锡丝（综合）	kg	0.095	0.220	0.440	0.550	0.950
	031102005	铁砂布 0～2#	张	0.950	2.200	4.400	6.600	11.400
	130115006	酚醛调和漆	kg	0.190	0.220	0.330	0.550	0.950
	130505002	防锈漆 C53-1	kg	0.190	0.220	0.330	0.550	0.950
	140301003	汽油 92#	kg	0.190	0.220	0.550	0.550	0.950
	140303001	机油（综合）	kg	0.095	0.110	0.110	0.110	0.190
	142123001	电力复合脂	kg	0.048	0.088	0.132	0.165	0.285
	170100008	钢管 *D*32	kg	4.560	5.280	6.930	6.930	11.970
	203107002	钢垫板 δ1～2	kg	0.950	1.100	4.400	4.730	8.170
	554301001	交流变压器	台	0.240	0.278	0.278	0.278	0.479
	850103006	其他材料费（占材料费）	%	2.000	2.000	2.000	2.000	2.000

续前

编号				2-234	2-235	2-236	2-237	2-238
项目				额定交流输出功率				
				功率≤10kW	功率≤100kW	功率≤250kW	功率≤500kW	功率≤1000kW
名称			单位	消耗量				
机械	990304004	汽车式起重机 8t	台班	—	—	0.062	0.103	0.178
	990401020	载重汽车 5t	台班	—	—	0.062	0.103	0.178
	990901010	交流弧焊机 21kV·A	台班	0.222	0.257	0.822	1.028	1.776
	870622064	高压绝缘电阻测试仪	台班	0.479	0.555	0.555	0.555	0.959
	870699096	高压试验变压器配套操作箱、调压器	台班	0.240	0.278	0.278	0.278	0.479
	870699164	TPFRC 电容分压器交直流高压测量系统	台班	0.240	0.278	0.278	0.278	0.479

（5）太阳能控制器

工作内容：开箱检查、清洁搬运，设备安装，测试，记录，接地，单体调试等。　　**计量单位：**台

编号				2-239	2-240	2-241	2-242
项目				太阳能控制器安装		环境测量装置	数据采集仪
				电压等级（V）			
				≤96	≤110		
名称			单位	消耗量			
人工	000202000	综合二类工	工日	0.554	0.814	11.498	1.857
材料	011303001	镀锌扁钢（综合）	kg	1.650	2.420	—	—
	022701001	棉纱	kg	0.038	0.055	—	—
	031301007	低碳钢焊条（综合）	kg	0.113	0.165	—	—
	031541003	钢锯条	条	0.375	0.550	—	—
	031305003	焊锡膏	kg	0.023	0.033	—	—
	031303019	焊锡丝（综合）	kg	0.113	0.165	0.165	0.165
	031102005	铁砂布 0～2#	张	0.150	0.220	—	—
	130115006	酚醛调和漆	kg	0.075	0.110	—	—
	130505002	防锈漆 C53-1	kg	0.075	0.110	—	—
	140301003	汽油 92#	kg	0.038	0.055	—	—
	142123001	电力复合脂	kg	0.045	0.066	—	—
	203107002	钢垫板 δ1～2	kg	0.225	0.330	—	—
	554301001	交流变压器	台	0.114	0.167	—	—
	860150014	环境测量装置	套	—	—	1.000	—
	030105050	六角螺栓 M6～8×20～70	套	—	—	16.000	—
	022703006	细白布 宽 900	m	—	—	0.400	—
	020907001	清洁布 250×250	块	—	—	0.400	—
	341304005	位号牌	个	—	—	5.000	—
	341103001	电	kW·h	—	—	2.000	—
	860150008	数据采集仪	台	—	—	—	1.000
	280301003	铜芯塑料绝缘电线 BV-1.5mm^2	m	—	—	—	1.000
	143303001	酒精	kg	—	—	—	0.300
	850103006	其他材料费（占材料费）	%	2.000	2.000	2.000	2.000

续前

编号				2-239	2-240	2-241	2-242
项目				太阳能控制器安装		环境测量装置	数据采集仪
				电压等级（V）			
				≤96	≤110		
名称			单位	消耗量			
机械	990901010	交流弧焊机 21kV·A	台班	0.105	0.154	0.154	0.154
	870622064	高压绝缘电阻测试仪	台班	0.227	0.333	—	—
	870699096	高压试验变压器配套操作箱、调压器	台班	0.114	0.167	—	—
	870699164	TPFRC 电容分压器交直流高压测量系统	台班	0.114	0.167	—	—
	873174013	铭牌打印机	台班	—	—	0.060	—
	870699160	多功能信号校验仪	台班	—	—	0.538	0.849
	870613023	手持式万用表	台班	—	—	0.922	0.991
	873114001	数字电压表	台班	—	—	0.768	0.515
	870613013	兆欧表	台班	—	—	0.030	—
	873150102	对讲机（一对）	台班	—	—	0.768	0.166
	870134001	电动综合校验台	台班	—	—	—	0.138
	873112061	精密交直流稳压电源	台班	—	—	—	0.138

4. 太阳能路灯

工作内容： 开箱清点，检查，测位划线，打眼埋螺栓，灯具拼装，起吊安装组件，灯体安装，太阳能电池板固定、调整方位角度，蓄电池就位固定、护罩安装、标示标号，控制器安装，组件电路连接、接线，接地，接焊线包头，测试、记录。 **计量单位：** 套

编号				2-243	2-244
项目				太阳能路灯	
				灯柱（m）	
				≤8	≤10
名称			单位	消耗量	
人工	000202000	综合二类工	工日	4.820	5.004
材料	250000001	成套灯具	套	1.010	1.010
	031519012	冲击钻头 $\phi 16$	个	0.030	0.030
	130505005	醇酸防锈漆 C53-1	kg	0.075	0.075
	271505001	瓷接头 双	个	1.030	1.030
	030105043	地脚螺栓 M12×120	套	4.080	4.080
	142123001	电力复合脂	kg	0.060	0.070
	011303001	镀锌扁钢（综合）	kg	1.650	1.650
	130115007	酚醛调和漆 各色	kg	0.075	0.075
	370915002	钢板垫板	kg	0.225	0.225
	031305003	焊锡膏	kg	0.023	0.023
	031303019	焊锡丝（综合）	kg	0.113	0.113
	030107020	膨胀螺栓 M14	套	2.000	2.050
	140301001	汽油 89#	kg	0.038	0.038
	021301009	塑料带 20mm×40m	卷	0.004	0.003
	144303015	塑料胶布带 20mm×10m	卷	0.200	0.200
	031301007	低碳钢焊条（综合）	kg	0.113	0.113

续前

编　号				2-243	2-244
项　目				太阳能路灯	
				灯柱（m）	
				≤ 8	≤ 10
名　称			单位	消　耗　量	
材料	280307008	铜芯橡皮绝缘电线 BX-2.5mm²	m	0.220	0.220
	850103006	其他材料费（占材料费）	%	2.000	2.000
机械	990901010	交流弧焊机 21kV · A	台班	0.105	—
	990513020	汽车式高空作业车 21m	台班	0.239	0.239
	990304004	汽车式起重机 8t	台班	0.196	0.196
	870613023	手持式万用表	台班	0.060	0.060
	990401020	载重汽车 5t	台班	0.084	0.084

工作内容： 开箱清点，检查，测位划线，打眼埋螺栓，灯具拼装，起吊安装组件，灯体安装，风力发电机安装，太阳能电池板固定、调整方位角度，蓄电池就位固定、护罩安装、标示标号，控制器安装，组件电路连接、接线，接地，接焊线包头，测试、记录。 **计量单位：** 10 套

编　号				2-245	2-246	2-247	2-248
项　目				风光互补太阳能路灯		太阳能庭院路灯	
				灯柱（m）			
				≤ 8	≤ 10	≤ 3	≤ 5
名　称			单位	消　耗　量			
人工	000202000	综合二类工	工日	55.855	57.691	20.760	21.800
材料	250000001	成套灯具	套	10.100	10.100	10.100	10.100
	031519012	冲击钻头 $\phi 16$	个	0.300	0.250	0.250	0.250
	130505005	醇酸防锈漆 C53-1	kg	0.750	0.300	0.750	0.750
	271505001	瓷接头 双	个	10.300	10.300	10.300	10.300
	030105043	地脚螺栓 M12 × 120	套	40.800	40.800	40.800	40.800
	142123001	电力复合脂	kg	1.100	1.200	0.580	0.580
	011303001	镀锌扁钢（综合）	kg	16.500	16.500	16.500	16.500
	130115007	酚醛调和漆 各色	kg	0.750	0.750	0.750	0.750
	370915002	钢板垫板	kg	2.250	2.250	2.250	2.250
	031305003	焊锡膏	kg	0.230	0.230	0.230	0.230
	031303019	焊锡丝（综合）	kg	1.130	1.130	1.130	1.130
	030107020	膨胀螺栓 M14	套	20.000	20.500	17.900	17.900
	140301001	汽油 89#	kg	0.380	0.380	0.380	0.380
	021301009	塑料带 20mm × 40m	卷	0.039	0.034	0.034	0.034
	144303015	塑料胶布带 20mm × 10m	卷	2.000	2.000	2.000	2.000
	031301007	低碳钢焊条（综合）	kg	1.130	1.130	1.130	1.130
	280307008	铜芯橡皮绝缘电线 BX-2.5mm²	m	2.200	2.200	2.200	2.200
	850103006	其他材料费（占材料费）	%	2.000	2.000	2.000	2.000
机械	990901010	交流弧焊机 21kV · A	台班	1.330	1.330	0.560	0.560
	990513020	汽车式高空作业车 21m	台班	2.385	2.385	0.470	0.470
	990304004	汽车式起重机 8t	台班	1.960	1.960	0.330	0.520
	870613023	手持式万用表	台班	0.600	0.600	0.600	0.600
	990401020	载重汽车 5t	台班	0.840	0.840	0.050	0.050

工作内容：开箱清点，测位划线，打眼埋螺栓，支架安装，灯具拼装固定，接焊线包头。　**计量单位：**套

编号				2-249	2-250
项目				太阳能草坪灯	
				立柱式	嵌入式
名称			单位	消耗量	
人工	000202000	综合二类工	工日	0.313	0.284
材料	250000001	成套灯具	套	1.010	1.010
	031519012	冲击钻头 $\phi16$	个	0.033	0.028
	271505001	瓷接头 双	个	1.030	1.030
	030107046	镀锌膨胀螺栓 M6	套	6.120	4.080
	280301004	铜芯塑料绝缘电线 BV-2.5mm^2	m	1.985	1.985
	290901017	铜接线端子 DT-2.5mm^2	个	1.015	1.015
	850103006	其他材料费（占材料费）	%	2.000	2.000

5. 太阳能集热装置

（1）太阳能集热器

工作内容：定位，预埋件设置，混凝土基础，支架制作安装，刷补油漆，集热器安装，与进出水管连接，通水试验。

计量单位：m^2

编号				2-251	2-252	2-253	2-254
项目				真空玻璃太阳能集热器	平板式太阳能集热器	真空玻璃太阳能集热器	平板式太阳能集热器
				单层布设		层叠布设	
名称			单位	消耗量			
人工	000202000	综合二类工	工日	3.464	2.957	4.080	3.573
材料	012105006	镀锌等边角钢 5#	kg	17.870	17.870	26.443	26.443
	010101009	热轧光圆钢筋 HPB300 $\phi8$	kg	0.720	0.720	0.540	0.540
	802101012	预拌混凝土 C20	m^3	0.011	0.011	0.086	0.086
	012903019	热轧中厚钢板 $\delta8$	kg	3.014	3.014	2.261	2.261
	030107018	膨胀螺栓 M12	套	4.571	4.571	3.429	3.429
	030105154	镀锌六角螺栓带螺母 M12×60～65	套	16.000	16.000	15.143	15.143
	030105084	六角螺栓带螺母 M12×50	套	2.403	2.403	2.403	2.403
	031101006	砂轮片 $\phi400$	片	0.033	0.033	0.044	0.044
	031301007	低碳钢焊条（综合）	kg	0.992	1.071	1.237	1.316
	031102005	铁砂布 0～2#	张	0.540	0.540	0.731	0.731
	050500009	胶木板	kg	0.081	0.081	0.109	0.109
	031541003	钢锯条	条	0.216	0.216	0.292	0.292
	130505009	酚醛防锈漆 各色	kg	0.007	0.007	0.010	0.010
	130115007	酚醛调和漆 各色	kg	0.005	0.005	0.006	0.006
	140509002	溶剂汽油	kg	0.002	0.002	0.003	0.003
	140303001	机油（综合）	kg	0.011	0.006	0.011	0.006

续前

编号				2-251	2-252	2-253	2-254
项目				真空玻璃太阳能集热器	平板式太阳能集热器	真空玻璃太阳能集热器	平板式太阳能集热器
				单层布设		层叠布设	
名称			单位	消耗量			
材料	142909001	氧气	m^3	0.090	0.090	0.090	0.090
	142907002	乙炔气	kg	0.030	0.030	0.030	0.030
	181602018	镀锌活接头 *DN*32	个	0.295	0.147	0.295	0.147
	850103006	其他材料费（占材料费）	%	2.000	2.000	2.000	2.000
机械	990304016	汽车式起重机 16t	台班	0.083	—	0.083	—
	990901010	交流弧焊机 21kV·A	台班	0.401	0.431	0.501	0.531
	990401020	载重汽车 5t	台班	0.084	0.074	0.084	0.074

工作内容：定位，预埋件设置，支架制作安装，刷补油漆，集热器安装。 **计量单位：**m^2

编号				2-255	2-256
项目				平板式集热器	
				外墙斜挂	外墙垂挂式
名称			单位	消耗量	
人工	000202000	综合二类工	工日	2.009	1.513
材料	012105001	镀锌角钢（综合）	kg	6.153	0.236
	011909001	镀锌槽钢 10#	kg	0.615	0.615
	010101009	热轧光圆钢筋 HPB300 ϕ8	kg	1.229	1.229
	030107038	膨胀螺栓 M10×80	套	1.951	1.951
	030105084	六角螺栓带螺母 M12×50	套	2.403	2.403
	030105154	镀锌六角螺栓带螺母 M12×60～65	套	5.854	—
	031101006	砂轮片 ϕ400	片	0.015	0.006
	031301007	低碳钢焊条（综合）	kg	0.695	0.498
	031102005	铁砂布 0～2#	张	0.246	0.092
	050500009	胶木板	kg	0.037	0.014
	031541003	钢锯条	条	0.098	0.037
	130505009	酚醛防锈漆 各色	kg	0.003	0.001
	130115007	酚醛调和漆 各色	kg	0.002	0.001
	140509002	溶剂汽油	kg	1.190	1.193
	140303001	机油（综合）	kg	0.006	0.006
	142909001	氧气	m^3	0.090	0.090
	142907002	乙炔气	kg	0.030	0.030
	181602018	镀锌活接头 *DN*32	个	0.147	0.147
	012903019	热轧中厚钢板 δ8	kg	—	1.844
	850103006	其他材料费（占材料费）	%	2.000	2.000
机械	990901010	交流弧焊机 21kV·A	台班	0.276	0.276
	990401020	载重汽车 5t	台班	0.074	0.074

（2）集中式太阳能热水系统调试

工作内容：充水，检查，调试，试运行。　　**计量单位：**系统

编号				2-257
项目				太阳能加热水箱
				水重量（10t）
名称			单位	消耗量
人工	000202000	综合二类工	工日	5.074
机械	873114001	数字电压表	台班	0.294
	870613023	手持式万用表	台班	0.502
	873150102	对讲机（一对）	台班	0.282

注：太阳能加热水箱 20t 以内按定额乘以系数 1.4，30t 以内按定额乘以系数 1.7。未计价主材为充水所用水量，水量按实计算。

6. 地（水、气）源热泵机组

（1）地源（水源、气源）热泵机组

工作内容：基础验收、开箱检查、设备及附件就位、固定、垫铁焊接、单机试运转。　　**计量单位：**组

编号				2-258	2-259	2-260	2-261
项目				设备重量（t）			
				≤1	≤3	≤5	≤8
名称			单位	消耗量			
人工	000202000	综合二类工	工日	9.500	18.380	29.190	42.530
材料	031509007	平垫铁（综合）	kg	5.080	8.130	12.260	15.490
	031509010	斜垫铁（综合）	kg	5.100	8.160	12.610	16.050
	031301008	低碳钢焊条 J422（综合）	kg	0.410	0.720	0.800	1.050
	050401003	板枋材	m^3	0.009	0.016	0.030	0.035
	050105001	道木（综合）	m^3	0.010	0.030	0.040	0.062
	140307001	煤油	kg	1.730	3.150	4.180	5.880
	140303001	机油（综合）	kg	0.980	1.480	1.970	2.803
	140301003	汽油 92#	kg	0.153	0.408	0.550	0.920
	140901002	黄干油钙基酯	kg	0.410	0.720	1.000	1.870
	142909001	氧气	m^3	0.360	0.690	0.810	1.530
	142907002	乙炔气	kg	0.120	0.230	0.270	0.510
	020111003	石棉橡胶板 δ3～6	kg	1.860	4.615	6.000	9.000
	031507018	镀锌铁丝 ϕ2.8～4.0	kg	1.600	2.000	2.500	4.800
	850103006	其他材料费（占材料费）	%	2.000	2.000	2.000	2.000
机械	990401020	载重汽车 5t	台班	0.400	0.440	0.500	—
	990401030	载重汽车 8t	台班	—	—	—	0.600
	990515010	吊装机械（综合）	台班	0.171	0.423	0.550	0.825
	990904040	直流弧焊机 32kV·A	台班	0.158	0.278	0.309	0.406

工作内容： 基础验收、开箱检查、设备及附件就位、固定、垫铁焊接、单机试运转。 **计量单位：** 组

编号				2-262	2-263	2-264
项目				设备重量（t）		
				≤ 10	≤ 15	≤ 20
名称			单位	消耗量		
人工	000202000	综合二类工	工日	48.030	60.010	74.978
材料	031509007	平垫铁（综合）	kg	31.500	47.250	70.875
	031509010	斜垫铁（综合）	kg	25.470	45.710	82.034
	031301008	低碳钢焊条 J422（综合）	kg	1.680	2.100	2.625
	050401003	板枋材	m^3	0.038	0.044	0.050
	050105001	道木（综合）	m^3	0.070	0.077	0.085
	140307001	煤油	kg	10.500	15.750	23.625
	140303001	机油（综合）	kg	3.030	3.540	4.136
	140301003	汽油 92#	kg	3.060	4.570	6.825
	140901002	黄干油钙基酯	kg	2.020	2.220	2.440
	142909001	氧气	m^3	6.120	9.180	13.770
	142907002	乙炔气	kg	2.040	3.060	4.590
	020111003	石棉橡胶板 $\delta3\sim6$	kg	12.000	15.000	18.750
	031507018	镀锌铁丝 $\phi2.8\sim4.0$	kg	7.500	9.800	12.805
	850103006	其他材料费（占材料费）	%	2.000	2.000	2.000
机械	990401035	载重汽车 10t	台班	0.830	—	—
	990401045	载重汽车 15t	台班	—	1.080	—
	990401055	载重汽车 20t	台班	—	—	1.405
	990515010	吊装机械（综合）	台班	1.075	1.425	1.889
	990904040	直流弧焊机 32kV · A	台班	0.649	0.811	1.013

（2）地　埋　管

工作内容： 放线定位，竖立钻机，钻机定位，安装钻机头、钻机提升装置和钻头充水（泥浆）等附属装置，钻孔定位，钻孔，泥浆循环排渣，成孔，退出钻杆，清理废土和岩石，机位移动。

计量单位： m

编号				2-265	2-266	2-267	2-268
项目				垂直地埋管成孔		入岩增加	
				公称外径 160mm 以内	公称外径 200mm 以内	公称外径 160mm 以内	公称外径 200mm 以内
				有效深度 100m 内			
名称			单位	消耗量			
人工	000202000	综合二类工	工日	0.019	0.022	0.047	0.053
机械	990223010	钻孔机 RP-150	台班	0.038	0.050	0.205	0.273

工作内容：回填料制作，机械回填。　　**计量单位：**m

编　号				2-269	2-270
项　目				垂直地埋管管孔回填	
				公称外径 160mm 以内	公称外径 200mm 以内
				有效深度 100m 内	
名　称			单位	消　耗　量	
人工	000202000	综合二类工	工日	0.003	0.003
材料	040111001	复合硅酸盐水泥	kg	2.000	3.000
	040315002	黄砂 毛砂	t	0.001	0.001
	040901008	膨润土 200 目	kg	0.500	0.750
机械	990806010	泥浆泵 50mm	台班	0.001	0.001

工作内容：管道 U 形热熔弯焊，管道试压，管道稳压机械下井，安装就位，二次试压。　　**计量单位：**m

编　号				2-271	2-272
项　目				垂直地埋塑料管热熔安装	
				公称外径 32mm 以内	公称外径 25mm 以内
				单 U 管	双 U 管
名　称			单位	消　耗　量	
人工	000202000	综合二类工	工日	0.043	0.038
材料	172500006	塑料管 *DN*32 以内	m	1.020	—
	180905007	塑料热熔 90° 弯头 *DN*32 以内	个	0.013	—
	180905004	塑料管热熔 U 形弯头 *DN*32 以内	个	0.006	—
	182515003	塑料管卡 FCL32	个	0.210	—
	341101001	水	m^3	0.002	0.002
	172500004	塑料管 *DN*25 以内	m	—	1.020
	180905002	塑料管热熔 U 形弯头 *DN*25 以内	个	—	0.006
	850103006	其他材料费（占材料费）	%	2.000	2.000
机械	990816010	地源热泵下管机	台班	0.001	0.001
	990813010	试压泵 3MPa	台班	0.001	0.001

工作内容：划线定位，定标高，热熔接管，水平管敷设，管道试压。　　**计量单位：**m

编　号				2-273	2-274	2-275	2-276
项　目				水平地埋塑料管安装热熔			
				公称外径（mm 以内）			
				32	40	50	63
名　称			单位	消　耗　量			
人工	000202000	综合二类工	工日	0.056	0.060	0.067	0.072
材料	172500001	塑料管（综合）	m	1.020	1.020	1.020	1.020
	031541002	锯条（综合）	根	0.008	0.009	0.013	0.015

续前

编号				2-273	2-274	2-275	2-276
项目				水平地埋塑料管安装热熔			
				公称外径（mm 以内）			
				32	40	50	63
名称			单位	消耗量			
材料	031102004	铁砂布（综合）	张	0.003	0.004	0.005	0.006
	341103001	电	kW · h	0.056	0.068	0.079	0.112
	012903010	热轧中厚钢板 δ8～15	kg	0.003	0.004	0.004	0.004
	142909001	氧气	m^3	0.001	0.001	0.001	0.001
	142907002	乙炔气	kg	0.001	0.001	0.001	0.001
	031301008	低碳钢焊条 J422（综合）	kg	0.001	0.001	0.001	0.001
	341101001	水	m^3	0.002	0.004	0.005	0.009
	020101002	橡胶板 δ1～3	kg	0.001	0.001	0.001	0.001
	030105046	六角螺栓（综合）	kg	0.001	0.001	0.001	0.001
	190003004	螺纹阀门 *DN*20	个	0.001	0.001	0.001	0.001
	170101003	焊接钢管 *DN*20	m	0.002	0.002	0.002	0.002
	172707010	橡胶软管 *DN*20	m	0.001	0.001	0.001	0.001
	860113019	弹簧压力表 Y-100 0～1.6MPa	块	0.001	0.001	0.002	0.001
	860113022	压力表表弯 *DN*15	个	0.001	0.001	0.001	0.001
	180999026	三通塑料管热熔管件	个	2.630	2.630	3.150	3.150
	180999025	弯头塑料管热熔管件	个	1.050	0.850	0.750	0.710
	180999027	直接头塑料管热熔管件	个	1.730	1.770	1.770	1.800
	180999028	异径直接塑料管热熔管件	个	—	0.090	0.090	0.080
	180999029	转换件塑料管热熔管件	个	0.050	0.050	0.050	0.040
	850103006	其他材料费（占材料费）	%	2.000	2.000	2.000	2.000
机械	990900010	电焊机（综合）	台班	0.001	0.001	0.001	0.001
	990813010	试压泵 3MPa	台班	0.001	0.001	0.001	0.001
	990801020	电动单级离心清水泵 100mm	台班	0.001	0.001	0.001	0.001

工作内容：划线定位，定标高，热熔接管，水平管敷设，管道试压。 **计量单位：**m

编号				2-277	2-278	2-279	2-280
项目				水平地埋塑料管安装热熔			
				公称外径（mm 以内）			
				75	90	110	160
名称			单位	消耗量			
人工	000202000	综合二类工	工日	0.076	0.080	0.091	0.103
材料	172500001	塑料管（综合）	m	1.015	1.015	1.015	1.015
	031541002	锯条（综合）	根	0.024	0.031	0.058	—
	031102004	铁砂布（综合）	张	0.007	0.008	0.008	0.008
	341103001	电	kW · h	0.125	0.167	0.190	—

续前

编　号				2-277	2-278	2-279	2-280
项　目				水平地埋塑料管安装热熔			
				公称外径（mm 以内）			
				75	90	110	160
名　称			单位	消　耗　量			
材料	012903010	热轧中厚钢板 δ8～15	kg	0.004	0.005	0.005	0.011
	142909001	氧气	m^3	0.001	0.001	0.001	0.001
	142907002	乙炔气	kg	0.001	0.001	0.001	0.001
	031301008	低碳钢焊条 J422（综合）	kg	0.001	0.001	0.001	0.001
	341101001	水	m^3	0.015	0.020	0.035	0.076
	020101002	橡胶板 δ1～3	kg	0.001	0.001	0.001	0.002
	030105046	六角螺栓（综合）	kg	0.001	0.001	0.001	0.001
	190003004	螺纹阀门 *DN*20	个	0.001	0.001	0.001	0.001
	170101003	焊接钢管 *DN*20	m	0.001	0.001	0.001	0.001
	172707010	橡胶软管 *DN*20	m	0.001	0.001	0.001	0.001
	860113019	弹簧压力表 Y-1000～1.6MPa	块	0.001	0.001	0.001	0.001
	860113022	压力表表弯 *DN*15	个	0.001	0.001	0.001	0.001
	180999026	三通塑料管热熔管件	个	0.420	0.420	—	—
	180999025	弯头塑料管热熔管件	个	0.710	0.680	0.680	0.590
	180999027	直接头塑料管热熔管件	个	1.800	1.800	1.800	—
	180999028	异径直接塑料管热熔管件	个	0.080	0.070	0.070	0.060
	180999029	转换件塑料管热熔管件	个	0.040	0.020	0.020	—
	850103006	其他材料费（占材料费）	%	2.000	2.000	2.000	2.000
机械	990900010	电焊机（综合）	台班	0.001	0.001	0.001	0.001
	990813010	试压泵 3MPa	台班	0.001	0.001	0.001	0.001
	990801020	电动单级离心清水泵 100mm	台班	0.001	0.001	0.001	0.001
	990401020	载重汽车 5t	台班	—	—	—	0.001
	990304004	汽车式起重机 8t	台班	—	—	—	0.005
	990911010	热熔对接焊机 160mm	台班	—	—	—	0.015
	990706010	木工圆锯机 500mm	台班	—	—	—	0.001

（3）地源热泵用塑料集（分）水器

工作内容：集分水器固定，安装。　　**计量单位：**个

编　号				2-281	2-282
项　目				*DN*200 以内	*DN*325 以内
名　称			单位	消　耗　量	
人工	000202000	综合二类工	工日	0.390	0.527
材料	221903001	塑料集分水器	个	1.000	1.000
机械	990813005	试压泵 2.5MPa	台班	0.083	0.125

五、补 充 项 目

1. 智能控制器（箱）

工作内容： 开箱、检查、现场就位、固定安装、校线、接线、模块软件程序及设备参数设置、运行调试、测试。

计量单位： 台

编　号				2-283
项　目				智能控制器（箱）
名　称			单位	消　耗　量
人工	000202000	综合二类工	工日	1.081
材料	271799002	PVC 电气绝缘胶带 18mm×20mm	卷	0.600
	031301008	低碳钢焊条 J422（综合）	kg	0.100
	011303001	镀锌扁钢（综合）	kg	1.000
	130113005	酚醛磁漆	kg	0.040
	370915002	钢板垫板	kg	0.100
	290645058	塑料线夹 ϕ15	个	8.000
	172709001	塑料软管（综合）	m	7.100
	850103006	其他材料费（占材料费）	%	2.000
机械	990901010	交流弧焊机 21kV·A	台班	0.050

2. 充 电 桩

工作内容： 检查及清扫、测位、划线、打眼、埋设螺栓、安装充电桩、接线、测试等。

计量单位： 台

编　号				2-284	2-285
项　目				充电桩	
				落地式	壁挂式
名　称			单位	消　耗　量	
人工	000202000	综合二类工	工日	1.350	0.820
材料	030105044	地脚螺栓 M12×150	套	4.080	—
	144303016	塑料胶布带 20mm×50m	卷	0.050	0.050
	271701001	黑胶布 20mm×20m	卷	0.100	0.100
	290901004	铜端子 $6mm^2$	个	—	3.060
	290901005	铜端子 $10mm^2$	个	3.060	—
	172709002	塑料软管（综合）	kg	0.130	0.130
	130115001	调和漆	kg	0.060	0.060
	030107046	镀锌膨胀螺栓 M6	套	—	4.080
	850103006	其他材料费（占材料费）	%	2.000	2.000

第三章

节水与水资源利用

说　　明

一、本章包括了节水卫生器具、节水灌溉和雨水及中水收集处理设备安装三部分。

二、本章包括了带感应开关的节水型卫生器具安装、节水灌溉系统以及雨水、中水收集处理系统的设备和材料的安装。

三、带截污过滤装置的塑料雨水井安装项目，适用于带截污沉淀装置、带弃流装置等含类似装置的塑料雨水井安装。

四、本章缺少的其他常用的节水设备材料的安装及其配电、智能化安装，电动弃流装置电气接线等执行《陕西省通用安装工程消耗量定额（2025）》相应项目。

五、塑料模块蓄水水箱安装中未考虑渗水试验的用水量，发生时按实计算。

工程量计算规则

一、节水卫生器具按设计图示数量，以“组”为单位计算。

二、节水灌溉设备中喷头、滴头、快速取水阀、成品阀门箱、雨量传感器、喷灌用电磁阀按设计图示数量，以“个”为单位计算；滴灌管按设计图示长度，以“m”为单位计算；模块控制器按设计图示数量，以“台”为单位计算。

三、雨水、中水收集处理系统中土工布铺设按照塑料模块水箱水平投影面积，以“m^2”为单位计算。

四、塑料模块水箱防渗透膜包覆按照塑料模块水箱外表面积，以“m^2”为单位计算。

五、塑料模块蓄水水箱安装按设计图示数量，以“台”为单位计算。

六、带截污过滤装置的塑料雨水井按设计图示数量，以“座”为单位计算。

一、节水卫生器具

1. 带感应开关的洗脸盆

工作内容：打螺栓孔、托架安装、洗脸盆及附件安装、与上下水管连接、试水。　　**计量单位：**组

编　号				3-1	3-2	3-3	3-4
项　目				挂墙式	立柱式	台上式	台下式
名　称			单位	消　耗　量			
人工	000202000	综合二类工	工日	0.511	0.457	0.552	0.649
材料	210900003	洗脸盆	个	1.010	1.010	1.010	1.010
	030701001	红外感应龙头及配件 15	套	1.010	1.010	1.010	1.010
	030719001	角型阀（带铜活） *DN*15	个	1.010	1.010	1.010	1.010
	030721004	洗脸盆托架	副	1.010	—	—	1.010
	180001001	螺纹管件 *DN*15	个	1.010	1.010	1.010	1.010
	030723009	洗脸盆排水附件	套	1.010	1.010	1.010	1.010
	171900004	金属软管 *D*15	m	1.010	1.010	1.010	1.010
	030107004	膨胀螺栓 M6～12 × 50～120	套	10.300	2.060	—	6.180
	340203008	聚四氟乙烯生料带 宽 20	m	3.520	3.120	3.120	3.920
	031541002	锯条（综合）	根	0.100	0.040	0.040	0.040
	031519005	冲击钻头 ϕ8～16	个	0.110	0.022	—	0.066
	133503002	防水密封胶	支	0.150	0.250	0.200	0.200
	341103001	电	kW · h	0.160	0.032	—	0.096
	341101001	水	m^3	0.020	0.020	0.020	0.020
	801103002	白水泥砂浆 1：2	m^3	—	0.001	—	—
	020101002	橡胶板 δ1～3	kg	—	0.013	0.013	0.013
	850103006	其他材料费（占材料费）	%	2.000	2.000	2.000	2.000

2. 带感应开关的蹲式大便器

工作内容：打螺栓孔，大便器、水箱及附件安装，与上下水管连接，试水。　　**计量单位：**组

编　号				3-5
项　目				瓷蹲式
名　称			单位	消　耗　量
人工	000202000	综合二类工	工日	0.517
材料	211507002	瓷蹲式大便器	个	1.010
	260901003	埋入式感应控制器	个	1.010
	030714001	防污器 *DN*32	个	1.010

续前

编号				3-5
项目				瓷蹲式
名称			单位	消耗量
材料	030711003	大便器存水弯 *DN*100	个	1.010
	173109002	冲洗管 *DN*32	根	1.010
	030723002	大便器胶皮碗（配喉箍）	套	1.050
	340203008	聚四氟乙烯生料带 宽 20	m	1.600
	031541002	锯条（综合）	根	0.150
	133503002	防水密封胶	支	0.500
	030755001	大便器排水接头	个	1.010
	041311001	烧结粉煤灰砖 240 × 115 × 53	千块	0.016
	341101001	水	m^3	0.012
	040300003	砂子	m^3	0.009
	040905009	石灰膏	m^3	0.019
	850103006	其他材料费（占材料费）	%	2.000

3. 带感应开关的小便器

工作内容：打螺栓孔、小便器及附件安装、与上下水管连接、试水。　　**计量单位：**组

编号				3-6	3-7
项目				壁挂式	落地式
名称			单位	消耗量	
人工	000202000	综合二类工	工日	0.325	0.363
材料	211701001	挂式小便器	个	1.010	—
	260901003	埋入式感应控制器	个	1.010	1.010
	030723003	小便器排水附件	套	1.010	1.010
	173135003	小便器冲水连接管 *DN*15	根	1.010	1.010
	030107004	膨胀螺栓 M6～12 × 50～120	套	6.180	2.060
	340203008	聚四氟乙烯生料带 宽 20	m	1.600	3.400
	031541002	锯条（综合）	根	0.040	0.040
	133503002	防水密封胶	支	0.070	0.100
	031519005	冲击钻头 ϕ8～16	个	0.066	0.022
	341103001	电	kW · h	0.096	0.032
	341101001	水	m^3	0.010	0.010
	211703001	立式小便器	个	—	1.010
	850103006	其他材料费（占材料费）	%	2.000	2.000

4. 带恒温控制和温度显示功能的冷热水混合沐浴器

工作内容： 打螺栓孔、成套淋浴器安装、接管、试水。　　　　**计量单位：** 组

编号				3-8
项目				带恒温控制和温度显示功能的冷热水混合沐浴器
名称			单位	消耗量
人工	000202000	综合二类工	工日	0.559
材料	030703002	双管成品淋浴器（含固定件）	套	1.010
	180001001	螺纹管件 *DN*15	个	2.020
	340203008	聚四氟乙烯生料带 宽 20	m	2.800
	031519005	冲击钻头 $\phi 8 \sim 16$	个	0.011
	341103001	电	kW · h	0.018
	341101001	水	m^3	0.016
	850103006	其他材料费（占材料费）	%	2.000

二、节 水 灌 溉

1. 喷　　头

工作内容： 检查、清理、定位、安装、单体调试。　　　　**计量单位：** 个

编号				3-9	3-10	3-11	3-12
项目				地埋式散射		地埋式旋转喷头安装（喷洒半径）	
				喷头安装	10m 以内	15m 以内	15m 以上
名称			单位	消耗量			
人工	000202000	综合二类工	工日	0.127	0.194	0.228	0.276
材料	232123001	地埋式喷灌喷头	个	1.010	1.010	1.010	1.010
	173129001	柔性铰接管	根	1.010	1.010	1.010	1.010
	340203008	聚四氟乙烯生料带 宽 20	m	0.944	0.944	0.944	0.944
	850103006	其他材料费（占材料费）	%	2.000	2.000	2.000	2.000

2. 滴　　头

工作内容： 检查、清理、安装。　　　　**计量单位：** 个

编号				3-13	3-14
项目				单出口滴头安装	多出口滴头安装
名称			单位	消耗量	
人工	000202000	综合二类工	工日	0.014	0.130
材料	323511001	单出口滴头	个	1.010	—
	323511002	多出口滴头	个	—	1.010
	850103006	其他材料费（占材料费）	%	2.000	2.000

3. 滴 灌 管

工作内容： 切管、调直、管道安装。　　**计量单位：** m

编号				3-15
项目				公称直径（mm）
				≤ 15
名称			单位	消耗量
人工	000202000	综合二类工	工日	0.013
材料	323205001	滴灌管	m	1.020
	850103006	其他材料费（占材料费）	%	2.000

4. 快速取水阀

工作内容： 检查、清理、安装。　　**计量单位：** 个

编号				3-16
项目				快速取水阀安装
名称			单位	消耗量
人工	000202000	综合二类工	工日	0.095
材料	194107001	快速取水阀	个	1.010
	340203008	聚四氟乙烯生料带 宽 20	m	1.328
	850103006	其他材料费（占材料费）	%	2.000

5. 成品阀门箱

工作内容： 挖填土、就位、固定。　　**计量单位：** 个

编号				3-17	3-18	3-19
项目				成品圆形阀门箱安装	成品矩形阀门箱安装	
				直径（mm）	半周长（mm）	
				≤ 400	≤ 1000	＞ 1000
名称			单位	消耗量		
人工	000202000	综合二类工	工日	0.288	0.600	0.830
材料	323503002	圆形阀门箱（成品）	个	1.000	—	—
	040100006	水泥 42.5	kg	1.231	1.893	3.400
	040300004	砂子	kg	3.692	5.680	10.200
	323503001	矩形阀门箱（成品）	个	—	1.000	1.000
	850103006	其他材料费（占材料费）	%	2.000	2.000	2.000

6. 控 制 器

工作内容： 开箱、检查、现场就位、固定安装、接线、调试。　　**计量单位：** 见表

编号				3-20	3-21
项目				雨量传感器	模块控制器
单位				个	台
名称			单位	消耗量	
人工	000202000	综合二类工	工日	0.850	1.174

续前

编　　号				3-20	3-21
项　　目				雨量传感器	模块控制器
单　　位				个	台
名　　称			单位	消　耗　量	
材料	303505003	雨量传感器	个	1.000	—
	552709003	模块控制器	个	—	1.000
	280301004	铜芯塑料绝缘电线 BV-2.5mm^2	m	1.069	1.069
	031519003	冲击钻头 ϕ6～8	个	0.014	0.014
	290901010	铜接线端子 20A	个	1.015	1.015
	030105223	固定螺栓	100 套	0.040	0.080
	850103006	其他材料费（占材料费）	%	2.000	2.000
机械	870613028	工业用真有效值万用表	台班	0.050	0.400
	870110001	数字温度计	台班	0.050	—
	873150102	对讲机（一对）	台班	—	0.300

7. 喷灌用电磁阀

工作内容：安装、接线、调试。　　　　**计量单位：**个

编　　号				3-22	3-23	3-24
项　　目				公称直径（mm）		
				≤ 25	≤ 50	≤ 80
名　　称			单位	消　耗　量		
人工	000202000	综合二类工	工日	1.060	1.790	2.950
材料	192809001	螺纹电磁阀门	个	1.010	1.010	1.010
	181625017	外丝活接头	个	2.020	2.020	2.020
	031541002	锯条（综合）	根	0.063	0.106	0.150
	031101009	尼龙砂轮片 ϕ100	片	0.008	0.021	0.034
	340203008	聚四氟乙烯生料带 宽 20	m	0.944	1.888	4.890
	860201006	砂轮切割机	台	0.006	0.006	0.006
	850103006	其他材料费（占材料费）	%	2.000	2.000	2.000

三、雨水及中水收集处理设备

1. 塑料模块雨水及中水收集设备

工作内容：1. 定位，铺摊，固定。
2. 定位，测量，裁剪，包覆，固定，检漏。　　　　**计量单位：**m^2

编　　号				3-25	3-26
项　　目				土工布铺设	塑料模块水箱防渗透膜包覆
名　　称			单位	消　耗　量	
人工	000202000	综合二类工	工日	0.020	0.030

续前

编号				3-25	3-26
项目				土工布铺设	塑料模块水箱防渗透膜包覆
名称			单位	消耗量	
材料	023101001	土工布（综合）	m^2	1.806	—
	031501007	圆钉	kg	0.020	—
	023101009	防渗透布	m^2	—	1.400
	850103006	其他材料费（占材料费）	%	2.000	2.000
机械	990401020	载重汽车 5t	台班	0.007	0.007
	990918005	土工布焊接机	台班	—	0.003

2. 塑料模块蓄水水箱

工作内容：定位，模块卸车、搬运、模块拼装、固定、渗水试验。 **计量单位：**台

编号				3-27	3-28	3-29	3-30
项目				塑料模块蓄水水箱安装			
				容积（m^3）			
				≤50	≤100	≤200	≤300
名称			单位	消耗量			
人工	000202000	综合二类工	工日	3.292	5.073	12.640	18.600
材料	331111001	塑料模块蓄水水箱（含配件）	台	1.000	1.000	1.000	1.000
机械	990305020	叉式起重机 5t	台班	0.271	0.542	1.080	1.626

注：渗水试验中所用水的主材费按实计算。

3. 雨水中水处理及控制设备

工作内容：1. 一体式雨水中水处理设备：基础定位、开箱检查、设备及其配套的部件、附件整体安装、单机试运转。
2. 截污过滤装置的塑料雨水井：定位，塑料功能装置安装、井筒安装，盖井盖。
3. 雨水处理控制柜（落地式）：测定、打孔、固定、接线、开关及机构调整、接地。
计量单位：见表

编号				3-31	3-32	3-33
项目				一体式雨水中水处理设备	带截污过滤装置的塑料雨水井 ϕ700 以内	雨水处理控制柜（落地式）
单位				台	座	台
名称			单位	消耗量		
人工	000202000	综合二类工	工日	20.475	2.100	2.064
材料	530117001	一体式雨水中水处理设备	台	1.000	—	—
	031509007	平垫铁（综合）	kg	5.080	—	0.300
	031509010	斜垫铁（综合）	kg	5.100	—	—
	012901009	热轧薄钢板 δ1.6～1.9	kg	0.480	—	—
	031301008	低碳钢焊条 J422（综合）	kg	0.410	—	0.180
	142909001	氧气	m^3	0.360	—	—

续前

编号				3-31	3-32	3-33
项目				一体式雨水中水处理设备	带截污过滤装置的塑料雨水井 ϕ700 以内	雨水处理控制柜（落地式）
单位				台	座	台
名称			单位	消耗量		
材料	142907002	乙炔气	kg	0.120	—	—
	050401003	板枋材	m^3	0.004	—	—
	140301003	汽油 92#	kg	0.450	—	—
	140307001	煤油	kg	3.030	—	—
	140303001	机油（综合）	kg	1.818	—	—
	140901003	黄油钙基脂	kg	0.727	—	—
	140505001	铅油（厚漆）	kg	0.436	—	—
	020111003	石棉橡胶板 δ3～6	kg	3.020	—	—
	050105002	道木 250mm × 200mm × 2500mm	根	0.003	—	—
	031507018	镀锌铁丝 ϕ2.8～4.0	kg	3.600	—	—
	151304001	聚酯乙烯泡沫塑料板	kg	0.550	—	—
	360101001	带雨水截污过滤装置的塑料雨水井	套	—	1.000	—
	140700001	润滑剂	kg	—	1.196	—
	341101001	水	m^3	—	0.565	—
	530119001	雨水处理控制柜	台	—	—	1.000
	011303001	镀锌扁钢（综合）	kg	—	—	1.800
	031303020	松香焊锡丝（综合）	m	—	—	0.150
	130115007	酚醛调和漆 各色	kg	—	—	0.050
	130505005	醇酸防锈漆 C53-1	kg	—	—	0.020
	142123001	电力复合脂	kg	—	—	0.050
	021305001	自粘性塑料带 20mm × 20m	卷	—	—	0.200
	850103006	其他材料费（占材料费）	%	2.000	2.000	2.000
机械	990401020	载重汽车 5t	台班	0.643	0.008	0.050
	990515010	吊装机械（综合）	台班	1.110	0.023	0.084
	990900010	电焊机（综合）	台班	0.158	—	0.103
	990706010	木工圆锯机 500mm	台班	—	0.005	—
	990801020	电动单级离心清水泵 100mm	台班	—	0.003	—

第四章

节材与材料资源利用

说　　明

一、本章包括高强及成型钢筋和新型墙体材料两部分。

二、高强及成型钢筋：

1. 钢筋工程以钢筋的不同品种和规格按高强钢筋和成型钢筋两类分别列项。

2. 除项目规定单独列项计算以外，各类钢筋均综合考虑了制作、安装所用的人工、机械消耗；设计另有规定者，按设计要求计算。设计无规定的，钢筋直径在 22mm 以上的连接按机械连接考虑。

3. 措施钢筋按设计图纸规定及施工验收规范要求计算。

4. 现浇构件冷拔钢丝按ϕ10 以内钢筋制作、安装项目执行。

5. 钢筋未包括冷加工，如设计要求冷加工时，应另行计算。

6. 成型钢筋指按照施工图要求下料并在加工厂内加工，运到现场可直接绑扎或安装的成品钢筋，其价格内已包含成型钢筋的断料、制作损耗。

7. 各类钢筋机械连接按《陕西省房屋建筑与装饰工程消耗量定额（2025）》第五章“混凝土及钢筋混凝土工程”相应项目及规定执行。

三、新型墙体材料：

1. 定额中砖、砌块按照常用规格编制，若设计规格与定额不同时，允许换算。定额所列砌筑砂浆按干混预拌砂浆考虑，若实际使用现拌砂浆或湿拌预拌砂浆的，按本定额总说明相应规定进行调整。

2. 项目中的墙体砌筑层高是按 3.6m 编制的，如超过 3.6m 时，其超过部分工程量的项目人工乘以系数 1.3。

3. 砖（砌块）基础与墙（柱）身的划分，按照《陕西省房屋建筑与装饰工程消耗量定额（2025）》相关规定执行。

4. 砖砌体和砌块砌体不分内、外墙，均执行对应品种的砖和砌块项目，其中：

（1）项目已包括立门窗框的调直以及腰线、窗台线、挑檐等一般出线用工。

（2）轻集料混凝土小型空心砌块墙项目已包括门窗洞口的同类实心砖镶砌，不单独计算。

（3）烧结空心砌块墙项目的砌筑砂浆用量，已包括洞口侧边竖砌砌块的灌芯砂浆。

（4）蒸压加气混凝土砌块墙项目、烧结空心砌块墙项目未包含门窗洞口的实心砖镶砌，如发生时执行实心砖砌体相应砌体墙项目。

（5）女儿墙、围墙套用墙相应项目。

5. 空心砖、砌块砌筑有防水、防潮要求的墙体时，若以普通（实心）砖作为导墙砌筑，导墙与上部墙主体需分别计算，导墙部分套用零星砌体项目。

6. 定额中各砌体项目均按直形砌筑编制，如为圆弧形砌筑者，按相应砌体项目定额人工乘以系数 1.10，砖、砌块及石砌体及砂浆（粘结剂）乘以系数 1.03。

7. 轻质墙板项目适用于框架、框剪、剪力墙结构中的内外墙或隔墙；轻质墙板定额中未考虑安装管线开槽内容，如遇发生按照有关规定另行计算。

四、砖砌体钢筋加固、砌体内加筋、灌注混凝土、墙体拉结筋的制作、安装，以及墙基、墙身的防潮、防水、抹灰、预拌混凝土、预拌砂浆和高性能混凝土等本定额缺少的绿色建材，按《陕西省房屋建筑与装饰工程消耗量定额（2025）》相关章节的项目及规定执行。

工程量计算规则

一、高强及成型钢筋：

1. 钢筋按设计图示钢筋中心线长度以重量计算。

2. 钢筋搭接长度及搭接（接头）数量应按设计要求计算；设计要求未标明搭接（接头）位置的通长钢筋按以下规则计算：

（1）ϕ10 以内的长钢筋按每 12m 计算一个钢筋搭接（接头），搭接长度按设计规定计算。

（2）ϕ10 以上的长钢筋按每 9m 计算一个搭接（接头），搭接长度按设计规定计算。

3. 当设计要求钢筋接头采用机械连接时，不再计算该处的钢筋搭接长度。

二、新型墙体材料：

1. 砖基础按设计图示尺寸以包括大放脚在内的体积计算，扣除钢筋混凝土地梁（圈梁）、构造柱所占体积，不扣除基础大放脚 T 形接头、附墙垛（含围墙柱）基础搭接、独立柱基础搭接等的重叠部分及嵌入基础内的钢筋、铁件、管道、基础砂浆防潮层和单个面积 ≤ 0.3m^2 的孔洞所占体积，靠墙暖气沟的挑檐和附墙垛（含围墙柱）基础加深部分亦不增加。

（1）基础长度：外墙基础按外墙中心线长度计算，内墙基础按内墙净长计算；独立柱基间的墙基础，不分内、外墙按墙体净长计算；围墙基础按围墙中心线长度计算；管道基础按管道长度计算。附墙垛（含围墙柱）基础宽出部分体积按折加长度合并计算。

（2）独立柱砖基础按设计图示尺寸的体积计算。

2. 砖墙、砌块墙按设计图示尺寸以体积计算，扣除门窗、洞口及嵌入墙内的砖碹和钢筋混凝土柱、梁（含梯段梁）、圈梁、挑梁、过梁与凹进墙内壁龛、管槽、暖气槽、消火栓箱所占体积，不扣除梁头、板头、檩头、垫木（块）、木楞头、沿缘木、木砖、木楔卡固、门窗走头及墙内加固钢筋、木筋、铁件、钢管、刚（柔）性材料嵌缝和单个面积 ≤ 0.3m^2 的孔洞所占的体积，凸出墙面的腰线、挑檐、压顶、窗台线、虎头砖、门窗套的体积亦不增加。

（1）墙长度：外墙按外墙中心线长度计算，内墙按内墙净长计算；框架间墙不分内、外墙按墙体净长计算；女儿墙、围墙按各自中心线长度计算。

（2）墙高度：

①外墙：平屋面算至钢筋混凝土屋面板（梁）底。斜（坡）屋面有屋架时，无檐口天棚者不分出檐宽度及室内有无天棚算至屋面板底；室内、外均有天棚者不分出檐宽度算至屋架下弦底另加 200mm；有檐口天棚而无室内天棚者算至屋架下弦底另加 300mm，若出檐宽度超过 600mm 时按实际砌筑高度计算。斜（坡）屋面无屋架时，不分出檐宽度及室内、外有无天棚均算至屋面板底。遇有钢筋混凝土楼板隔层时算至楼板顶。

②内墙：位于屋架下方者，不分有无天棚算至屋架下弦底；未位于屋架下方或无屋架者，有天棚时算至天棚底另加 100mm，无天棚时按实际砌筑高度计算。遇有钢筋混凝土楼板隔层时算至楼板底。

③内、外山墙：按其平均高度计算，其余部位的墙体遇墙顶设有坡度时参照执行。

④框架间墙：不分内、外墙按墙体净高计算。

⑤女儿墙：按屋面板上表面至女儿墙顶面的高度计算，如有混凝土（现浇或预制）压顶或砌块墙身设有砖压顶时算至压顶下表面。

⑥围墙：按设计室外地坪至压顶上表面的高度计算，如为混凝土（现浇或预制）压顶或砌块墙身设有砖压顶时算至压顶下表面。

（3）墙厚度：

①标准砖以 240mm × 115mm × 53mm 为准，其砌体厚度按下表计算。

标准砖砌体计算厚度表

砖数	1/4	1/2	3/4	1	$1\frac{1}{2}$	2	$2\frac{1}{2}$	3
计算厚度（mm）	53	115	178	240	365	490	615	740

②蒸压加气混凝土砌块尺寸是以常用规格考虑，设计规格与定额不一致时，允许换算。

3. 遇墙身底部设有导墙时，砖砌导墙按设计图示尺寸的体积单独以零星砌砖计算，其中厚度与长度按墙身主体、高度以设计要求的砌筑高度确定，墙身主体的计算高度相应扣减。

4. 轻质隔墙按设计图示尺寸以面积计算。轻质隔墙已综合考虑了接缝处的抗裂处理。

一、高强及成型钢筋

1. 现浇构件高强钢筋

工作内容： 钢筋制作、运输、绑扎、安装等。　　　　**计量单位：** t

编号				4-1	4-2	4-3	4-4
项目				带肋钢筋 HRB400 以上			
				直径（mm）			
				≤ 10	≤ 18	≤ 25	≤ 40
	名称		单位	消耗量			
人工	000202000	综合二类工	工日	7.967	6.857	4.704	3.841
材料	010103012	热轧带肋钢筋 HRB500 ϕ10 以内	kg	1020.000	—	—	—
	010103018	热轧带肋钢筋 HRB500 ϕ12～18	kg	—	1025.000	—	—
	010103019	热轧带肋钢筋 HRB500 ϕ20～25	kg	—	—	1025.000	—
	010103013	热轧带肋钢筋 HRB500 ϕ25 以外	kg	—	—	—	1025.000
	031507020	镀锌铁丝 ϕ0.7	kg	5.640	3.650	1.597	0.870
	031301005	低合金钢焊条 E43（综合）	kg	—	6.552	5.928	—
	341101001	水	m^3	—	0.144	0.093	—
机械	990701040	钢筋调直机 40mm	台班	0.614	0.095	—	—
	990702010	钢筋切断机 40mm	台班	0.426	0.105	0.095	0.095
	990703010	钢筋弯曲机 40mm	台班	0.436	0.242	0.189	0.137
	990904040	直流弧焊机 32kV · A	台班	—	0.473	0.420	—
	990910030	对焊机 75kV · A	台班	—	0.095	0.063	—
	990919010	电焊条烘干箱 $45\times35\times45cm^3$	台班	—	0.047	0.042	—

2. 高强箍筋

工作内容： 钢筋制作、运输、绑扎、安装等。　　　　**计量单位：** t

编号				4-5	4-6
项目				带肋钢筋 HRB400 以上	
				直径（mm）	
				≤ 10	＞ 10
	名称		单位	消耗量	
人工	000202000	综合二类工	工日	15.551	8.933
材料	010103012	热轧带肋钢筋 HRB500 ϕ10 以内	kg	1020.000	—
	010103018	热轧带肋钢筋 HRB500 ϕ12～18	kg	—	1025.000
	031507020	镀锌铁丝 ϕ0.7	kg	10.037	4.620
机械	990701040	钢筋调直机 40mm	台班	0.320	0.130
	990702010	钢筋切断机 40mm	台班	0.200	0.100
	990703010	钢筋弯曲机 40mm	台班	1.420	0.700

3. 现浇构件成型钢筋

工作内容： 钢筋绑扎、安装等。　　**计量单位：** t

编号				4-7	4-8	4-9	4-10
项目				成型带肋钢筋			
				直径（mm）			
				≤ 10	≤ 18	≤ 25	≤ 40
名称			单位	消耗量			
人工	000202000	综合二类工	工日	5.179	4.457	3.058	2.497
材料	010103024	成型钢筋 HRB400 ϕ10 以内	kg	1005.000	—	—	—
	010103025	成型钢筋 HRB400 ϕ12～18	kg	—	1005.000	—	—
	010103026	成型钢筋 HRB400 ϕ20～25	kg	—	—	1005.000	—
	010103027	成型钢筋 HRB400 ϕ25	kg	—	—	—	1005.000
	031507020	镀锌铁丝 ϕ0.7	kg	5.640	3.650	1.597	0.870

4. 成型箍筋

工作内容： 钢筋绑扎、安装等。　　**计量单位：** t

编号				4-11	4-12
项目				成型带肋钢筋 HRB400 以上	
				直径（mm）	
				≤ 10	> 10
名称			单位	消耗量	
人工	000202000	综合二类工	工日	10.108	5.806
材料	010103024	成型钢筋 HRB400 ϕ10 以内	kg	1005.000	—
	010103025	成型钢筋 HRB400 ϕ12～18	kg	—	1005.000
	031507020	镀锌铁丝 ϕ0.7	kg	10.037	4.620

二、新型墙体材料

1. 砖基础

工作内容： 清理基槽坑，调、运、铺砂浆，运、砌砖。　　**计量单位：** $10m^3$

编号				4-13
项目				烧结煤矸石普通砖砖基础
名称			单位	消耗量
人工	000202000	综合二类工	工日	9.834
材料	041313002	烧结煤矸石普通砖 240 × 115 × 53	千块	5.262
	800605004	干混砌筑砂浆 DM M10	m^3	2.399
	341101001	水	m^3	1.050
机械	990611010	干混砂浆罐式搅拌机	台班	0.240

2. 砖　　墙

工作内容：清理基槽坑，调、运、铺砂浆，运、砌砖，安放木砖、垫块。　　　　**计量单位：**10m^3

编　　号				4-14	4-15	4-16	4-17
项　　目				烧结煤矸石普通砖砖墙			
				1/4 砖	1/2 砖	3/4 砖	1 砖
名　　称			单位	消　耗　量			
人工	000202000	综合二类工	工日	24.332	15.425	14.846	11.251
材料	041313002	烧结煤矸石普通砖 240 × 115 × 53	千块	6.100	5.585	5.456	5.337
	800605004	干混砌筑砂浆 DM M10	m^3	1.199	1.978	2.163	2.313
	341101001	水	m^3	1.230	1.130	1.100	1.060
	850103006	其他材料费（占材料费）	%	1.000	1.000	1.000	1.000
机械	990611010	干混砂浆罐式搅拌机	台班	0.120	0.198	0.217	0.228

工作内容：清理基槽坑，调、运、铺砂浆，运、砌砖，安放木砖、垫块。　　　　**计量单位：**10m^3

编　　号				4-18	4-19	4-20	4-21
项　　目				烧结煤矸石普通砖砖墙		烧结煤矸石空心砖砖墙	
				1 砖半	2 砖及 2 砖以上	1/2 砖	1 砖
名　　称			单位	消　耗　量			
人工	000202000	综合二类工	工日	10.825	10.218	10.096	8.263
材料	041313002	烧结煤矸石普通砖 240 × 115 × 53	千块	5.290	5.254	—	—
	041313001	烧结煤矸石空心砖 240 × 240 × 115	千块	—	—	1.433	1.370
	800605004	干混砌筑砂浆 DM M10	m^3	2.440	2.491	0.894	1.332
	341101001	水	m^3	1.070	1.060	1.100	1.030
	850103006	其他材料费（占材料费）	%	1.000	1.000	1.000	1.000
机械	990611010	干混砂浆罐式搅拌机	台班	0.244	0.249	0.089	0.133

工作内容：清理基槽坑，调、运、铺砂浆，运、砌砖，安放木砖、垫块。　　　　**计量单位：**10m^3

编　　号				4-22	4-23
项　　目				烧结煤矸石空心砖砖墙	
				1 砖半	2 砖及 2 砖以上
名　　称			单位	消　耗　量	
人工	000202000	综合二类工	工日	7.252	7.230
材料	041313001	烧结煤矸石空心砖 240 × 240 × 115	千块	1.354	1.345
	800605004	干混砌筑砂浆 DM M10	m^3	1.471	1.539
	341101001	水	m^3	1.030	1.020
	850103006	其他材料费（占材料费）	%	1.000	1.000
机械	990611010	干混砂浆罐式搅拌机	台班	0.147	0.154

3. 砌　块　墙

工作内容： 调、运、铺砂浆，运、安装砌块及运、镶砌砖，安放木砖、垫块。　　　　**计量单位：** 10m³

编　号				4-24	4-25	4-26
项　目				轻集料混凝土小型空心砌块墙		
				墙厚（mm）		
				240	190	120
名　称			单位	消　耗　量		
人工	000202000	综合二类工	工日	8.876	9.513	9.633
材料	041509003	陶粒混凝土小型砌块 390×240×190	m³	7.990	—	—
	041509002	陶粒混凝土小型砌块 390×190×190	m³	—	7.990	—
	041509001	陶粒混凝土小型砌块 390×120×190	m³	—	—	7.990
	041325001	陶粒混凝土实心砖 190×90×53	千块	—	1.310	—
	041325002	陶粒混凝土实心砖 240×115×53	千块	0.830	—	0.870
	800605004	干混砌筑砂浆 DM M10	m³	1.080	1.100	1.020
	341101001	水	m³	0.100	0.100	0.100
	850103006	其他材料费（占材料费）	%	1.000	1.000	1.000
机械	990611010	干混砂浆罐式搅拌机	台班	0.108	0.110	0.102

工作内容： 调、运、铺砂浆，运、安装砌块，洞口侧边竖砌砌块，砂浆灌芯，安放木砖、垫块。　　　　**计量单位：** 10m³

编　号				4-27	4-28	4-29
项　目				烧结空心砌块墙		
				墙厚（卧砌）（mm）		
				240	190	115
名　称			单位	消　耗　量		
人工	000202000	综合二类工	工日	8.957	9.581	9.823
材料	041513003	烧结页岩空心砌块 290×240×190	m³	9.250	—	—
	041513002	烧结页岩空心砌块 290×190×190	m³	—	9.250	—
	041513001	烧结页岩空心砌块 290×115×190	m³	—	—	9.250
	800605004	干混砌筑砂浆 DM M10	m³	0.890	0.890	0.890
	341101001	水	m³	1.100	1.100	1.100
	850103006	其他材料费（占材料费）	%	1.000	1.000	1.000
机械	990611010	干混砂浆罐式搅拌机	台班	0.089	0.089	0.089

工作内容：调、运、铺砂浆或运、搅拌、铺粘结剂，运、部分切割、安装砌块，安放木砖、垫块、木楔卡固、刚性材料嵌缝。

计量单位：10m³

编号				4-30	4-31	4-32	4-33
项目				蒸压加气混凝土砌块墙			
				墙厚（mm）			
				≤150		≤200	
				砂浆	粘结剂	砂浆	粘结剂
名称			单位	消耗量			
人工	000202000	综合二类工	工日	9.857	10.088	9.857	10.088
材料	041507001	蒸压粉煤灰加气混凝土砌块 600×120×240	m³	9.770	10.150	—	—
	041507002	蒸压粉煤灰加气混凝土砌块 600×190×240	m³	—	—	9.770	10.150
	800605004	干混砌筑砂浆 DM M10	m³	0.710	—	0.710	—
	341101001	水	m³	0.400	0.200	0.400	0.200
	144111005	砌块砌筑粘结剂	kg	—	297.400	—	297.400
	800100006	水泥砂浆 1∶3	m³	—	0.100	—	0.100
	800101003	砌筑水泥砂浆 M7.5	m³	—	0.080	—	0.080
	850103006	其他材料费（占材料费）	%	1.000	1.000	1.000	1.000
机械	990611010	干混砂浆罐式搅拌机	台班	0.071	—	0.071	—
	990610010	灰浆搅拌机 200L	台班	—	0.030	—	0.030

工作内容：调、运、铺砂浆或运、搅拌、铺粘结剂，运、部分切割、安装砌块，安放木砖、垫块、木楔卡固、刚性材料嵌缝。

计量单位：10m³

编号				4-34	4-35
项目				蒸压加气混凝土砌块墙	
				墙厚（mm）	
				≤300	
				砂浆	粘结剂
名称			单位	消耗量	
人工	000202000	综合二类工	工日	8.419	8.649
材料	041507003	蒸压粉煤灰加气混凝土砌块 600×240×240	m³	9.770	10.150
	800605004	干混砌筑砂浆 DM M10	m³	0.710	—
	144111005	砌块砌筑粘结剂	kg	—	297.400
	341101001	水	m³	0.400	0.200
	800100006	水泥砂浆 1∶3	m³	—	0.100

续前

编　　号				4-34	4-35
项　　目				蒸压加气混凝土砌块墙	
				墙厚（mm）	
				≤300	
				砂浆	粘结剂
名　　称			单位	消　耗　量	
材料	800101003	砌筑水泥砂浆 M7.5	m^3	—	0.080
	850103006	其他材料费（占材料费）	%	1.000	1.000
机械	990611010	干混砂浆罐式搅拌机	台班	0.071	—
	990610010	灰浆搅拌机 200L	台班	—	0.030

4. 轻质隔墙

工作内容： 材料运输、安装、接口（缝）处抹水泥浆、绑扎钢丝网，膨胀螺栓 U 形卡固定，接缝处贴玻璃布、板底细石混凝土等。　　**计量单位：** $100m^2$

编　　号				4-36	4-37	4-38
项　　目				轻质墙板（玻纤水泥珍珠岩板）		
				板厚（mm）		
				60	85	95
名　　称			单位	消　耗　量		
人工	000202000	综合二类工	工日	17.610	19.350	19.300
材料	092517001	轻质墙板 δ60	m^2	105.000	—	—
	050401006	板枋材 杉木	m^3	0.110	0.110	0.110
	150702003	玻璃布 δ0.2	m^2	42.840	42.840	42.840
	350205001	U 形卡	kg	37.800	45.400	48.400
	030107056	塑料膨胀螺栓	套	380.000	380.000	380.000
	144115002	107 胶纯水泥浆	m^3	0.030	0.030	0.030
	801103004	素水泥浆	m^3	0.130	0.130	0.130
	802101007	混凝土 C30	m^3	0.070	0.090	0.100
	341103001	电	kW · h	83.200	83.200	83.200
	092517002	轻质墙板 δ85	m^2	—	105.000	—
	092517003	轻质墙板 δ95	m^2	—	—	105.000

第五章

室内环境工程

说　明

一、本章定额包括室内声环境、室内光环境与视野、室内热湿环境和补充项目四部分。

二、室内声环境：

1. 墙面基层龙骨的间距、规格，设计与定额不同时，允许调整。

2. 墙面面层项目均未包括压边、收边、装饰线（板），如设计要求时按《陕西省房屋建筑与装饰工程消耗量定额（2025）》相应项目执行。

3. 墙面基层、隔层、面层项目中设计粘接胶与定额不同时，允许换算胶品种。

4. 天棚龙骨的种类、间距、规格和基层、面层材料的型号、规格，如设计要求与定额不同时，允许换算。

5. 跌级天棚面层按相应项目人工乘以系数 1.3。

6. 天棚检查孔的工料已包括在相应项目内，不另计算。

三、室内光环境：

采光板屋面如设计为滑动式采光顶，可以按设计增加 U 形滑动盖帽等部件，换算材料名称，人工乘以系数 1.05。

四、室内热湿环境：

1. 建筑外遮阳采用的材料规格、品种设计与定额不同时，允许换算。

2. 建筑外遮阳中仅包括电机驱动装置和电机组控装置的安装工料。

3. 喷涂石膏抹灰墙面和柱（梁）面 $\leqslant 0.5m^2$ 的抹灰按零星抹灰列项。

喷涂抹灰石膏实际厚度与定额项目不同时，材料含量按实际厚度进行换算，其他不变。

4. 硅藻泥墙面按单色区分毛面和光面做法列项，若有分色及图案做法时，应另行计算。

五、太阳光导入照明系统：

1. 太阳光导入照明系统分为采光部分、传导部分和输出部分。光导入照明系统装置适用于钢结构建筑和钢筋混凝土结构建筑。

2. 太阳光导入照明系统项目未包括采光井混凝土施工、钢结构屋顶和钢筋混凝土结构屋顶所需的洞口部位加固和防水措施，发生时执行《陕西省房屋建筑与装饰工程消耗量定额（2025）》相应项目。

3. 屋面防水帽安装项目不包括相应部位预留孔洞的工作内容。

4. 导光管按不穿越防火区域考虑。若导光管必须竖向或横向穿越防火分区，需按设计要求做好防火措施，发生时应按设计要求另行计算。

5. 漫射器包括装饰环和漫射器安装，通常分为开放式和封闭式。开放式用于无吊顶的空间，封闭式用于有吊顶的空间。本定额不区分开放式和封闭式，已综合考虑。

工程量计算规则

一、室内声环境：

1. 龙骨、基层、面层墙饰面项目按设计图示饰面尺寸以面积计算，扣除门窗洞口及单个面积 > 0.3m^2 以上的空圈所占的面积，不扣除单个面积 ≤ 0.3m^2 的孔洞所占面积，门窗洞口及孔洞侧壁面积亦不增加。

2. 浮筑楼板隔声垫按设计图示尺寸以面积计算，立面交接上翻部分并入平面工程量计算，扣除凸出地面的构筑物、设备基础等所占面积，不扣除间壁墙及单个面积 ≤ 0.3m^2 柱、垛、烟囱和孔洞所占面积。

3. 天棚吊顶的基层和面层均按设计图示尺寸以展开面积计算。天棚面中的灯槽及跌级、阶梯式、锯齿形、吊挂式、藻井式天棚按展开面积计算。不扣除间壁墙、垛、附墙烟囱、检查口和管道所占的面积，扣除单个面积 > 0.3m^2 的独立柱、孔洞及与天棚相连的窗帘盒所占的面积。

二、室内光环境：

采光板屋面按设计图示尺寸以面积计算，不扣除单个面积 ≤ 0.3m^2 的孔洞。

三、室内热湿环境：

1. 卷帘遮阳、织物遮阳按设计图示卷帘宽度乘以卷帘高度（包括卷帘盒高度）以面积计算。

2. 百叶帘遮阳按设计图示叶片帘宽度乘以叶片帘高度（包括帘片盒高度）以面积计算。

3. 翼片遮阳、格栅遮阳均按设计图示尺寸以面积计算。

4. 喷涂石膏抹灰工程量按以下规定计算：

（1）内墙面抹灰按设计图示结构尺寸以面积计算，扣除门窗洞口和单个面积 > 0.3m^2 以上的空圈所占的面积，不扣除踢脚线、挂镜线及单个面积 ≤ 0.3m^2 的孔洞和墙与构件交接处的面积。且门窗洞口、空圈、孔洞的侧壁面积亦不增加，附墙柱的侧面抹灰应并入墙面抹灰工程量内计算。

内墙面的抹灰长度以图示长度计算，高度按室内地面或楼面至天棚底面净高计算，有吊顶天棚的，其高度按吊顶高度增加 100mm 计算。

（2）柱和单梁的喷涂抹灰按结构展开面积计算，柱与梁或梁与梁接头的面积不予扣除。砖墙中平墙面的混凝土柱、梁等的抹灰（包括侧壁）应并入墙面抹灰工程量内计算。凸出墙面的混凝土柱、梁面（包括侧壁）抹灰工程量应另按相应项目单独计算。

（3）零星抹灰项目按设计图示尺寸以展开面积计算。

5. 硅藻泥墙面按设计图示尺寸以面积计算。

四、太阳光导入照明系统：

1. 屋面防水帽安装分为墩座式混凝土井口接口、金属屋面防水帽、自安型三种形式，分别适用于屋面垂直井道混凝土的接口、屋面绿化设施部位的接口以及钢结构屋面板的接口，以“个”为单位计算。

2. 采光罩按设计图示数量，以“个”为单位计算。

3. 导光管按设计图示数量，以“节”为单位计算。每节按一个 45°弯头来考虑，每增一个 45°弯头安装按一节计算。

4. 光线调节器安装为整体组件安装，包括电动控制器与调节蝶阀的接线安装。工程量按设计图示数量，以“套”为单位计算。

5. 光线调节器控制开关按设计图示数量，以“个”为单位计算，不包括电动控制器至控制开关的控制电线。

6. 接口转换器按设计图示数量，以“个”为单位计算。

7. 漫射器按设计图示数量，以“套”为单位计算。

五、补充项目：

隔声、吸音墙面及吸音天棚的隔音涂料按设计图示面积，以“m^2”计算。

一、室内声环境

1. 隔声、吸音墙面

工作内容：基层清理、定位、弹线、钻眼、安膨胀螺栓、贴胶条、安装龙骨等。　　　**计量单位：**100m²

编　号				5-1
项　目				轻钢龙骨（减震体系）
				减震龙骨中距
				400
名　称			单位	消　耗　量
人工	000302000	综合三类工	工日	7.565
材料	100101004	镀锌轻钢龙骨 75×50	m	198.750
	100101003	镀锌轻钢龙骨 75×40	m	58.888
	100101002	镀锌轻钢龙骨 65×15	m	294.443
	100101001	镀锌轻钢龙骨 38×12	m	58.888
	030107032	膨胀螺栓 M8×60	套	212.500
	030101003	抽芯铆钉 ϕ4×13	100个	1.456
	020301005	隔声胶条	m	58.333
	341103001	电	kW·h	30.660

工作内容：基层清理、刷胶、粘贴隔声毡等。　　　**计量单位：**100m²

编　号				5-2
项　目				隔声毡隔层
名　称			单位	消　耗　量
人工	000302000	综合三类工	工日	4.704
材料	022709010	阻尼隔声毡 δ2	m²	110.000
	144103002	氯丁橡胶粘接剂	kg	22.000

工作内容：龙骨基层上钉隔离层。　　　**计量单位：**100m²

编　号				5-3
项　目				玻璃棉毡隔离层
名　称			单位	消　耗　量
人工	000302000	综合三类工	工日	2.601
材料	150707005	玻璃棉毡 δ75	m²	105.000
	031501007	圆钉	kg	0.528

工作内容：铺钉面层、钉压条、清理等。　　　　**计量单位：**100m²

编号				5-4
项目				硬木条吸音墙面
名称			单位	消耗量
人工	000302000	综合三类工	工日	29.723
材料	050401006	板枋材 杉木	m^3	2.315
	031505012	钢板网 0.8×9×25	m^2	105.000
	150707002	超细玻璃棉毡	kg	105.260
	031501007	圆钉	kg	8.382

工作内容：钉或铺贴面层、清理等。　　　　**计量单位：**100m²

编号				5-5	5-6
项目				岩棉吸音板	超细玻璃棉板
名称			单位	消耗量	
人工	000302000	综合三类工	工日	5.422	4.608
材料	150301010	岩棉吸音板	m^2	105.000	—
	150701002	超细玻璃棉板 δ50	m^2	—	105.000
	031501007	圆钉	kg	2.113	1.690
	120107002	木压条 15×40	m	0.032	—

2. 隔声楼板

工作内容：清理基层、定位、裁切、拼接、铺设、贴缝、粘贴收口等。　　　　**计量单位：**100m²

编号				5-7
项目				浮筑楼板
				隔音减震垫铺设
名称			单位	消耗量
人工	000302000	综合三类工	工日	12.190
材料	225705001	隔音减震垫 δ3	m^2	110.000
	144303021	塑料粘胶带 60mm×50m	卷	3.260
	144103002	氯丁橡胶粘接剂	kg	7.290

3. 吸音天棚

工作内容：安装天棚面层。　　　　**计量单位：**100m²

编号				5-8	5-9	5-10	5-11
项目				吸音板天棚			
				矿棉吸音板	石膏吸音板	穿孔胶合板	铝合金方板
名称			单位	消耗量			
人工	000302000	综合三类工	工日	8.677	8.677	7.720	5.495
材料	150501002	矿棉吸音板	m^2	105.000	—	—	—

续前

编　　号				5-8	5-9	5-10	5-11
项　　目				吸音板天棚			
				矿棉吸音板	石膏吸音板	穿孔胶合板	铝合金方板
名　　称			单位	消　耗　量			
材料	090119001	石膏吸音板	m^2	—	105.000	—	—
	050500005	胶合板 δ9	m^2	—	—	105.000	—
	090503008	铝合金吸音板	m^2	—	—	—	100.000
	030103037	自攻螺钉（综合）	100 个	—	—	34.500	—
	144100002	胶粘剂	kg	—	—	2.000	—
	015101001	铝合金靠墙条板	m^2	—	—	—	5.000

注：1. 穿孔面板按现场打孔考虑，若是成品按人工乘以系数 0.5 执行。
2. 矿棉和石膏板安在 U 形龙骨上时，增加自攻螺钉 3450 个/$100m^2$。

二、室内光环境与视野

1. 采 光 屋 面

工作内容：截料，制作安装龙骨支撑；刷防护材料、油漆；安装固定阳光板面层，接缝、嵌缝。

计量单位：$100m^2$

编　　号				5-12	5-13
项　　目				阳光板屋面	
				铝合金龙骨上安装	钢龙骨上安装
名　　称			单位	消　耗　量	
人工	000302000	综合三类工	工日	63.317	75.731
材料	090907002	阳光板	m^2	107.000	107.000
	014900002	铝合金型材（综合）	kg	502.370	—
	144309004	玻璃胶 335g/支	支	20.400	—
	020711005	耐热胶垫 2×38	m	169.810	—
	030105147	镀锌六角螺栓（综合）	套	1095.000	—
	203307022	橡胶垫片 宽 250	m	169.400	104.740
	020301002	橡胶条（大）	m	161.640	161.640
	020301003	橡胶条（小）	m	161.640	161.640
	031509001	铁件（综合）	kg	74.650	74.650
	012301001	T 型钢 25×25	kg	—	20.780
	011301005	扁钢 100×10	kg	—	76.860
	011301011	扁钢 5	kg	—	399.650
	011901008	槽钢 6.3#	kg	—	1966.300

续前

编号				5-12	5-13
项目				阳光板屋面	
				铝合金龙骨上安装	钢龙骨上安装
名称			单位	消耗量	
材料	030105032	带帽六角螺栓 M12 以外	kg	—	4.510
	041735006	镀锌铁皮脊瓦 26#	m^2	—	1.000
	133501006	建筑油膏	kg	—	89.260
	031501007	圆钉	kg	—	1.400
	130115002	无光调和漆	kg	—	38.440
	203307021	橡胶垫片 25	m	—	64.660

2. 太阳光导入照明系统

（1）屋面防水帽

工作内容：定位、防水帽安装固定、保温套安装、接口打胶。　　**计量单位：**个

编号				5-14	5-15	5-16
项目				墩座式混凝土井口接口防水帽	金属屋面防水帽	自安型防水帽
				方形 600 × 600（内圆ϕ570）	圆形ϕ600	外圆ϕ910
名称			单位	消耗量		
人工	000302000	综合三类工	工日	0.173	0.160	0.195
材料	031599006	墩座式混凝土井口接口屋面防水帽方形 600 × 600（个）	个	1.000	—	—
	031599015	金属屋面防水帽圆形 ϕ600	个	—	1.000	—
	031599018	自安型防水帽外圆 ϕ910	个	—	—	1.000
	173127001	尼龙胀管 ϕ6～8	个	8.000	—	12.000
	030103039	自攻螺钉 ST4 × 30	个	8.000	6.000	12.000
	031519003	冲击钻头 ϕ6～8	个	0.070	—	0.110
	133503020	耐高温防水胶 380g290mL	支	1.000	0.880	1.110
	850103006	其他材料费（占材料费）	%	1.000	1.000	1.000

（2）采光罩

工作内容：定位、采光罩安装。　　**计量单位：**个

编号				5-17	5-18
项目				采光罩外径（mm 以内）	
				ϕ350	ϕ600
名称			单位	消耗量	
人工	000302000	综合三类工	工日	0.093	0.103
材料	224911001	采光罩 ϕ350	个	1.000	—
	224911003	采光罩 ϕ600	个	—	1.000
	030103039	自攻螺钉 ST4 × 30	个	6.000	8.000

（3）导　光　管

工作内容： 定位、悬吊绳制作安装、导光管连接安装。　　　　**计量单位：** 节

编　号				5-19	5-20
项　目				ϕ350 以内 L = 600mm	ϕ600 以内 L = 600mm
名　称			单位	消　耗　量	
人工	000202000	综合二类工	工日	0.253	0.298
材料	173111003	导光管　ϕ350 以内 L = 600mm	节	1.000	—
	173111004	导光管　ϕ600 以内 L = 600mm	节	—	1.000
	031519009	冲击钻头　ϕ12	个	0.030	0.030
	030105153	镀锌六角螺栓带螺母 M12 × 14～75	10 套	0.200	0.200
	144303010	铝箔胶带　48mm × 20m	卷	0.063	0.125
	030107038	膨胀螺栓　M10 × 80	套	2.000	2.000
	030103039	自攻螺钉　ST4 × 30	个	4.600	7.200
	850103006	其他材料费（占材料费）	%	2.000	2.000

（4）光线调节器、转换器、漫射器

工作内容： 光线调节器安装固定，控制器接线，调试。　　　　**计量单位：** 套

编　号				5-21	5-22
项　目				光线调节器	
				ϕ350 以内	ϕ600 以内
名　称			单位	消　耗　量	
人工	000202000	综合二类工	工日	0.115	0.126
材料	256001001	光线调节器	个	1.000	1.000
	144303010	铝箔胶带　48mm × 20m	卷	0.132	0.207
	030103039	自攻螺钉　ST4 × 30	个	4.000	4.000
	850103006	其他材料费（占材料费）	%	2.000	2.000
机械	870613023	手持式万用表	台班	0.063	0.063

工作内容： 1. 光线调节器控制开关安装固定，控制器接线，调试。
2. 接口转换器安装固定。
3. 漫射器：导光管环固定，漫射器安装，装饰环安装。　　　　**计量单位：** 见表

编　号				5-23	5-24	5-25
项　目				光线调节器控制开关	导光管接口转换器	漫射器
单　位				个		套
名　称			单位	消　耗　量		
人工	000202000	综合二类工	工日	0.069	0.080	0.275
材料	262603001	调节器控制开关	个	1.000	—	—
	256003001	导光管接口转换器	个	—	1.000	—
	256005001	漫射器	套	—	—	1.000
	030103039	自攻螺钉　ST4 × 30	个	2.000	—	4.000
	144303009	铝箔胶带　45mm 卷	卷	0.179	0.179	0.250
	850103006	其他材料费（占材料费）	%	2.000	2.000	2.000
机械	870613023	手持式万用表	台班	0.052	—	—

三、室内热湿环境

1. 建筑外遮阳

工作内容：导轨、卷帘盒、手动和电机驱动装置及附件安装、调试等。　　　　**计量单位：**100m²

编号				5-26	5-27
项目				卷帘遮阳	
				导轨导向式	
				手动	电动
名称			单位	消耗量	
人工	000302000	综合三类工	工日	42.720	46.968
材料	030314001	卷帘遮阳卷帘盒	m	61.400	61.400
	030313006	卷帘遮阳导轨	m	105.300	105.300
	112601003	帘片 42宽	m	2367.600	2367.600
	030335001	卷帘遮阳摇柄驱动装置	套	32.680	—
	030103022	沉头木螺钉 *L*25	个	150.960	150.960
	021913001	塑料胀塞	个	150.960	150.960
	850103006	其他材料费（占材料费）	%	2.000	2.000

工作内容：导轨、罩壳及附件的安装和调试等。　　　　**计量单位：**100m²

编号				5-28	5-29	5-30	5-31
项目				织物遮阳		百叶帘遮阳	
				手动导向式		电动式	
				导轨	导索		导轨
名称			单位	消耗量			
人工	000302000	综合三类工	工日	34.160	29.840	33.600	33.600
材料	030314003	织物遮阳卷帘盒	m	68.000	68.000	—	—
	112603001	百叶帘帘片盒	m	—	—	33.360	33.360
	030313009	织物遮阳导轨	m	136.000	—	—	—
	030355002	不锈钢导索 3mm	m	—	136.000	76.800	—
	030313001	百叶帘遮阳导轨	m	—	—	—	55.200
	030725002	织物遮阳底杆	m	68.000	68.000	—	—
	112603002	百叶帘遮阳底杆	m	—	—	33.360	33.360
	112601002	帘布	m²	105.000	105.000	—	—
	030335002	织物遮阳摇柄驱动装置	套	44.440	44.440	—	—
	350999002	导索固定件	只	—	44.440	25.600	—
	112601004	平叶片帘 50宽	m²	—	—	101.000	—
	112500002	卷边叶片帘 50宽	m²	—	—	—	101.000
	850103006	其他材料费（占材料费）	%	2.000	2.000	1.000	1.000

工作内容： 翼片固定、配件和电机安装及调试等。　　　　**计量单位：** 100m²

编　号				5-32	5-33
项　目				翼片遮阳	
				固定式	可调式
名　称			单位	消　耗　量	
人工	000302000	综合三类工	工日	33.600	43.200
材料	340925001	机翼叶片 宽 200	m	500.000	500.000
	031599030	翼片遮阳单边固定件	套	62.500	—
	031599032	翼片遮阳双边固定件	套	93.800	—
	031599034	翼片遮阳连接端盖	套	125.000	125.000
	031599031	翼片遮阳单边轴组	套	—	62.500
	031599033	翼片遮阳双边轴组	套	—	93.800
	850103006	其他材料费（占材料费）	%	1.000	1.000

工作内容： 龙骨固定、扣板安装等。　　　　**计量单位：** 100m²

编　号				5-34	5-35
项　目				格栅遮阳	
				水平	垂直
名　称			单位	消　耗　量	
人工	000302000	综合三类工	工日	23.520	28.240
材料	030107037	膨胀螺栓 M10×45	套	333.300	—
	090909001	格栅遮阳扣板 84 宽	m	1000.000	1000.000
	100303037	格栅遮阳铝合金龙骨	m	125.000	125.000
	030525002	格栅遮阳防风扣	套	104.200	104.200
	291705004	格栅遮阳钢筋拉杆	m	50.000	—
	850103006	其他材料费（占材料费）	%	1.000	1.000

2. 喷涂抹灰石膏

工作内容： 1. 清理基层、修补堵眼、湿润基层、调运浆料、清扫落地灰。
2. 喷涂石膏、抹灰找平（包括护角线）、面层压光。　　　　**计量单位：** 100m²

编　号				5-36	5-37	5-38	5-39
项　目				喷涂抹灰石膏			
				18mm 厚			
				砖墙	混凝土墙	轻质墙	矩形柱梁面
名　称			单位	消　耗　量			
人工	000302000	综合三类工	工日	11.500	12.600	12.500	18.000

续前

编号				5-36	5-37	5-38	5-39
项目				喷涂抹灰石膏			
				18mm 厚			
				砖墙	混凝土墙	轻质墙	矩形柱梁面
名称			单位	消耗量			
材料	801105003	喷涂抹灰石膏	t	2.110	2.040	2.110	1.970
	800607002	干混抹灰砂浆 DP M15	m^3	0.030	0.030	0.030	0.410
	341101001	水	m^3	2.347	2.297	2.347	2.407
	040113002	白色硅酸盐水泥 32.5	kg	—	20.879	20.879	20.879
	144100001	建筑胶	kg	—	7.280	7.280	7.280
机械	990823010	粉料混合喷涂泵	台班	0.450	0.440	0.450	0.500

工作内容： 1. 清理基层、修补堵眼、湿润基层、调运浆料、清扫落地灰。
2. 喷涂石膏、抹灰找平（包括护角线）、面层压光。 **计量单位：** $100m^2$

编号				5-40	5-41
项目				喷涂抹灰石膏	
				18mm 厚	零星抹灰
				多边形、圆形柱梁面	
名称			单位	消耗量	
人工	000302000	综合三类工	工日	24.400	26.800
材料	801105003	喷涂抹灰石膏	t	1.970	2.070
	040113002	白色硅酸盐水泥 32.5	kg	20.879	20.879
	144100001	建筑胶	kg	7.280	7.280
	341101001	水	m^3	2.237	2.297
	800607002	干混抹灰砂浆 DP M15	m^3	—	0.410
机械	990823010	粉料混合喷涂泵	台班	0.410	0.440

3. 硅藻泥墙面

工作内容： 清理基层、刮腻子、刷封底、贴保护膜、喷涂面层、压平收光等。 **计量单位：** $100m^2$

编号				5-42	5-43
项目				硅藻泥墙面（无图案不分色）	
				喷涂两遍成活	
				毛面	光面
名称			单位	消耗量	
人工	000302000	综合三类工	工日	5.434	7.245

续前

编号				5-42	5-43
项目				硅藻泥墙面（无图案不分色）	
				喷涂两遍成活	
				毛面	光面
名称			单位	消耗量	
材料	040113002	白色硅酸盐水泥 32.5	kg	300.000	300.000
	144100001	建筑胶	kg	96.000	96.000
	130111004	抗碱底涂料	kg	30.000	30.000
	130303002	硅藻泥	kg	136.000	136.000
	020901001	塑料薄膜	m^2	18.000	18.000
	850103006	其他材料费（占材料费）	%	2.000	2.000
机械	991003010	电动空气压缩机 $0.3m^3/min$	台班	1.000	1.000

四、补 充 项 目

1. 隔 音 涂 料

工作内容：清理基层、喷涂透明抗碱抗渗底漆、涂料搅拌、隔音涂料喷涂。　　**计量单位：**$100m^2$

编号				5-44	5-45	5-46	5-47
项目				隔声、吸音墙面		吸音天棚	
				隔音涂料			
				3mm 厚	每增减 1mm 厚	3mm 厚	每增减 1mm 厚
名称			单位	消耗量			
人工	000302000	综合三类工	工日	0.354	0.118	0.441	0.146
材料	130111030	透明抗碱抗渗底漆	kg	12.000	—	12.000	—
	130520001	隔音涂料	kg	347.000	115.667	347.000	115.667
	341101001	水	m^3	34.700	11.567	34.700	11.567
	850103006	其他材料费（占材料费）	%	1.000	—	1.000	—
机械	991263030	多功能喷涂机	台班	0.118	0.039	0.148	0.049
	990635020	手持搅拌机	台班	0.118	0.039	0.148	0.049